Jochen W. Mußmann

Umsetzung der Europäischen Druckgeräterichtlinie 2014/68/EU

Handlungshilfe und Potentiale

3., überarbeitete und erweiterte Auflage 2016

Herausgeber:
DIN Deutsches Institut für Normung e. V.

Beuth Verlag GmbH · Berlin · Wien · Zürich

Herausgeber: DIN Deutsches Institut für Normung e. V.

© 2016 Beuth Verlag GmbH
Berlin · Wien · Zürich
Am DIN-Platz
Burggrafenstraße 6
10787 Berlin

Telefon: +49 30 2601-0
Telefax: +49 30 2601-1260
Internet: www.beuth.de
E-Mail: kundenservice@beuth.de

Satz: B & B Fachübersetzergesellschaft mbH, Berlin
Druck: Prime Rate, Budapest
Gedruckt auf säurefreiem, alterungsbeständigem Papier nach DIN EN ISO 9706

ISBN 978-3-410-25338-9
ISBN (E-Book) 978-3-410-25339-6

Umsetzung der Europäischen Druckgeräterichtlinie 2014/68/EU

Vorwort

Alle Druckgeräte, die seit dem 29. Mai 2002 in Verkehr gebracht wurden, müssen den Anforderungen der Europäischen Richtlinie über Druckgeräte RL 97/23/EG genügen. Diese ist dabei nur eine von zahlreichen europäischen Harmonisierungsrichtlinien nach Artikel 95 des EG-Vertrages für den freien Warenverkehr. Dieser Richtlinientext in seiner Juristensprache ist für Techniker, die geübt sind, Normen und technisch geprägte Regelwerke zu lesen, nur schwer verständlich. Um die Abarbeitung eines Rohrleitungs-, Behälter- oder Dampfkesselprojektes in allen Phasen nach dieser Richtlinie zu gewährleisten, wird in diesem Buch ein Leitfaden für die Umsetzung dieser Richtlinie beschrieben. Die Merkmale der Druckgeräterichtlinie werden im Einzelnen detailliert erläutert.

Das Europäische Parlament und der Rat haben am 15. Mai 2014 die neue (überarbeitete) Richtlinie zur „Richtlinie zur Harmonisierung der Rechtsvorschriften der Mitgliedstaaten über die Bereitstellung von Druckgeräten auf dem Markt" RL „2014/68/EU" verabschiedet. Sie trat ab dem 19. Juli 2016 an die Stelle der RL 97/23/EG.

Die Mitgliedstaaten erließen und veröffentlichten im ersten Schritt bis zum 28. Februar 2015 die erforderlichen Rechts- und Verwaltungsvorschriften, die erforderlich waren, um den Artikel 13 (Classification of pressure equipment) zu erfüllen. Die Regierungen teilten diesen Wortlaut ihrer Maßnahmen der Kommission mit. Die EU-Länder wenden diese Vorschriften bereits seit dem 1. Juni 2015 an. Dieser Schritt betraf die Anpassung der Druckgeräterichtlinie bezüglich der Einstufung der Medien, Verordnung (EG) Nr. 1272/2008 über die Einstufung, Kennzeichnung und Verpackung von Chemikalien (CLP-Verordnung).

Das vorliegende Buch beschreibt die Druckgeräterichtlinie sowie die Aufgaben für den Hersteller. Auf die Veränderungen zur RL 2014/68/EU werden immer entsprechende erläuternde Hinweise gegeben. Ergänzt wurden die Inhalte um die Auflistung und Zuordnung aller Leitlinien zur Druckgeräterichtlinie.

Meerbusch, im September 2016
Jochen W. Mußmann

Vorwort zur 3. Auflage

Mit Erscheinen der „Richtlinie zur Harmonisierung der Rechtsvorschriften der Mitgliedstaaten über die Bereitstellung von Druckgeräten auf dem Markt“ RL 2014/68/EU als Nachfolgerin der Druckgeräterichtlinie haben sich einige „redaktionelle“ Veränderungen und auch Bezüge hinsichtlich von Artikeln und Begriffen ergeben. Eine technische Änderung war von der EU-Kommission bei der Neuabfassung der Richtlinie 2014/68/EU nicht erlaubt und ist nicht erfolgt. Für Kenner der „alten“ Druckgeräterichtlinie hat sich insofern nicht viel geändert, für Unbedarfte der Druckgeräterichtlinie bietet dieses Buch einen überarbeiteten Leitfaden durch den technischen Richtlinientext. In diesem Buch wird deshalb auch immer ein Bezug auf die ersetzte alte Druckgeräterichtlinie gegeben.

Inhaltsverzeichnis

1 Richtlinien 97/23/EG und 2014/68/EU

Mit dem Stichtag 30. Mai 2002 mussten alle Druckgeräte, die in Verkehr gebracht wurden, der **Richtlinie über Druckgeräte 97/23/EG** [1] des Europäischen Parlaments und des Rates vom 29. Mai 1997 genügen. Bereits nach Verabschiedung der Richtlinie am 29. Mai 1997 war es jedem Hersteller freigestellt, Druckgeräte ab dem 30. November 1999 nach dieser Richtlinie zu produzieren und auf dem Markt anzubieten. Der vollständige Titel der Richtlinie lautet: *„Richtlinie 97/23/EG des Europäischen Parlaments und des Rates vom 29. Mai 1997 zur Angleichung der Rechtsvorschriften der Mitgliedstaaten über Druckgeräte"*.

Die Richtlinie hatte die Aufgabe, die Rechtsvorschriften aller Mitgliedsstaaten der Europäischen Gemeinschaft für Druckgeräte anzugleichen, um so eine Harmonisierung des gemeinsamen Binnenmarktes herbeizuführen. Die Richtlinie wendet sich ebenfalls an alle Hersteller, die außerhalb Europas ansässig sind und in die Europäische Gemeinschaft hinein liefern möchten.

Weitere Abkürzungen sind DGRL oder PED (Pressure Equipment Directive). Veröffentlicht wurde diese Druckgeräterichtlinie, so der übliche Titel, im Amtsblatt der Europäischen Gemeinschaft am 9. Juli 1997, Ausgabe L 181.

Aus der Nummer der Richtlinie lässt sich auch die Entstehung in gewissem Maß ableiten. Die erste Ziffer „97" gibt das Jahr an, in dem diese Richtlinie verabschiedet wurde, die zweite Ziffer „23" ist eine laufende Zählnummer der verabschiedeten Richtlinie, die Buchstabenkombination „EG" beschreibt den Wirtschaftsraum Europa, hier „Europäische Gemeinschaft".

Diese „Richtlinie über Druckgeräte", so der korrekte Titel, ist eine der nach dem „Neuen Konzept" (engl. New Approach) [2] verfassten Richtlinien. Dieses Konzept sieht vor, dass die EG-Richtlinien für alle New Approach-Produkte grundlegende Sicherheits- und Gesundheitsanforderungen auf hohem Schutzniveau festlegen. Ein Weg zur Erfüllung dieser wesentlichen Anforderungen ist die Anwendung harmonisierter Normen. Diese werden von dem Europäischen Komitee für Normung „CEN" (European Committee for Standardization, Comité Européen de Normalisation) in Form von Europäischen Normen erarbeitet.

Ziel des Neuen Konzeptes ist unter anderem:

- Abbau technischer Handelshemmnisse durch die europaweite Harmonisierung technischer Normen;
- Einheit in der Struktur der Richtlinien, einheitliche Begrifflichkeiten und damit einfachere Anwendung bei gleichzeitiger Gültigkeit anderer Richtlinien;
- Entlastung des Staates (Fachexperten erarbeiten die Normen, nicht EU-Beamte);

- Bereitstellung aktueller Detailregelungen, da Normen turnusmäßig aktualisiert werden und dem Stand der Technik entsprechen sollen.

1.1 Richtlinie 97/23/EG

Die Richtlinie 97/23/EG war in 21 Artikel und 7 Anhänge gegliedert:

Artikel 1	Geltungsbereich und Begriffsbestimmungen
Artikel 2	Marktüberwachung
Artikel 3	Technische Anforderungen
Artikel 4	Freier Warenverkehr
Artikel 6	Ausschuss für Normen und technische Vorschriften
Artikel 7	Ausschuss „Druckgeräte“
Artikel 8	Schutzklausel
Artikel 9	Einstufung von Druckgeräten
Artikel 10	Konformitätsbewertung
Artikel 11	Europäische Werkstoffzulassung
Artikel 12	Benannte Stellen
Artikel 13	Anerkannte unabhängige Prüfstellen
Artikel 14	Betreiberprüfstellen
Artikel 15	CE-Kennzeichnung
Artikel 16	Zu Unrecht vorgenommene CE-Kennzeichnung
Artikel 17	(Unterstützende Maßnahmen)
Artikel 18	Zu Ablehnungen oder Einschränkungen führende Entscheidungen
Artikel 19	Außerkraftsetzung
Artikel 20	Umsetzung und Übergangsbestimmungen
Artikel 21	Adressaten der Richtlinie
Anhang I	Grundlegende Sicherheitsanforderungen
Anhang II	Konformitätsbewertungsdiagramme (Kategoriebestimmung)
Anhang III	Konformitätsbewertungsverfahren (Beschreibung der Module)
Anhang IV	Mindestkriterien für die Bestimmung der Benannten Stellen gemäß Artikel 12 und der anerkannten unabhängigen Prüfstellen gemäß Artikel 13
Anhang V	Kriterien für die Zulassung von Betreiberprüfstellen gemäß Artikel 14
Anhang VI	CE-Kennzeichnung
Anhang VII	Konformitätserklärung

1.2 Richtlinie 2014/68/EU

Das Europäische Parlament und der Rat haben am 15. Mai 2014 die an das „New Legislative Framework" (NFL) angeglichene **Richtlinie 2014/68/EU** [1] verabschiedet. Diese befasst sich in überarbeiteter Form ebenfalls mit Druckgeräten, trägt aber den Titel *„Richtlinie zur Harmonisierung der Rechtsvorschriften der Mitgliedstaaten über die Bereitstellung von Druckgeräten auf dem Markt"*. Diese neue Richtlinie wurde im Europäischen Amtsblatt (Official Journal of the European Union) Nr. L 189/164 vom 27. Juni 2014 veröffentlicht. Umgangssprachlich wird sie auch als DGRL bezeichnet.

Ein ganz entscheidender Aspekt für die Anpassung der bestehenden Druckgeräterichtlinie 97/23/EG an das New Legislative Framework bestand darin, dass technische Änderungen in der Richtlinie nicht zulässig waren. Zielstellung bei der Anpassung der Richtlinie 97/23/EG war allein die Vereinheitlichung von Begriffen (z. B. Marktakteure und deren Rollen) sowie von grundsätzlichen und einheitlichen Inhalten und Abläufen (Module, Akkreditierung) über sämtliche New Approach-Richtlinien hinweg.

Der Begriff „New Legislative Framework" (NLF) bedeutet „Neuer Rechtsrahmen" für die Produktvermarktung und die Produktüberwachung in der EU. Er zielt darauf ab, dass die einzelnen Vorschriften der EG-Verordnung Nr. 765/2008 auf einheitlicher Basis für die Überwachung von Produkten in der EU gestaltet sind. Diese Verordnung gilt seit 1. Januar 2010 und gibt vor, auf welche Weise die EU-Mitgliedstaaten ihre Akkreditierungsstellen einzurichten haben und wie die Marktaufsicht in der EU gestaltet werden soll. Diese Verordnung enthält verbindliche Anforderungen an die Konformitätsbewertungsstellen in allen EU-Mitgliedstaaten. Konformitätsbewertungsstellen sind (in der Regel) nicht staatliche Institutionen, wie etwa Prüflaboratorien sowie Zertifizierungs- oder Inspektionsstellen, die bei der Kontrolle von Produkten tätig werden. Sie werden von den Akkreditierungsstellen überprüft und von der zuständigen Behörde (ZLS) notifiziert. In jedem EU-Mitgliedstaat soll es danach nur eine Akkreditierungsstelle (zuständige Behörde) geben; in Deutschland ist dazu die Deutsche Akkreditierungsstelle (DAkkS) eingerichtet worden. Auch wenn die NLF-Anpassung der Druckgeräterichtlinie nur rein redaktionell sein sollte, so ergeben sich durch die Einführung neuer – in allen EU-Richtlinien vereinheitlichter Begriffe – in der Praxis Konsequenzen, die Einfluss auf bestehende Abläufe haben können.

Mit Verfassen der neuen Druckgeräterichtlinie wurde auch der Beschluss Nr. 768/2008/EG des Europäischen Parlaments und des Rates umgesetzt. Dieser Beschluss (umgangssprachlich auch Omnibus-Richtlinie genannt) enthält gemeinsame Grundsätze, Musterbestimmungen, Begrifflichkeiten und

Definitionen, die auf alle Sektor-spezifischen Rechtsvorschriften angewandt werden sollen, um eine einheitliche Grundlage für die Überarbeitung oder Neufassung dieser Rechtsvorschriften zu bieten. Mit der Anwendung der Omnibus-Richtlinie auf die Druckgeräterichtlinie wurde auch die Definition der Rolle und Pflichten aller Marktakteure (Bevollmächtigte, Einführer, Händler) deutlich und NFL-einheitlich in die Druckgeräterichtlinie eingebracht. Diese Marktakteure und deren Verantwortung sind darüber hinaus auch im „Blue Guide" beschrieben. Ebenso sind mit der Umsetzung der Omnibus-Richtlinie auch das Konformitätsverfahren, die Notifizierung (der Benannten Stellen) und die Modulinhalte über alle Richtlinien vereinheitlicht worden. Die bestehende Richtlinie 97/23/EG musste daher an diesen Beschluss angepasst werden.

Der Blue Guide ist ein Leitfaden für die Umsetzung der Produktvorschriften der EU 2016, veröffentlicht als Bekanntmachung der Kommission im Amtsblatt der europäischen Union 2016/C 272/01 vom 26. Juli 2016. *„Mit diesem Leitfaden soll ein Beitrag zum besseren Verständnis der Produktvorschriften der EU sowie zu ihrer einheitlicheren und kohärenteren Anwendung in den verschiedenen Bereichen und im gesamten Binnenmarkt geleistet werden. Der Leitfaden richtet sich an die Mitgliedstaaten sowie an all jene, die mit den Vorschriften zur Gewährleistung des freien Warenverkehrs und eines hohen Schutzniveaus innerhalb der Union vertraut sein sollten (z. B. Handels- und Verbraucherverbände, Normungsorganisationen, Hersteller, Einführer, Händler, Konformitätsbewertungsstellen und Gewerkschaften)."*

In der Richtlinie 97/23/EG wurden die Druckgeräte nach zunehmendem Gefahrenpotential in Kategorien eingestuft. Dazu gehört die Einstufung des im Druckgerät enthaltenen Fluides, als gefährlich oder nicht, auf Basis der Richtlinie 67/548/EWG des Rates. Diese Richtlinie 67/548/EWG wurde zum 1. Juni 2015 aufgehoben und durch die Verordnung (EG) Nr. 1272/2008 des Europäischen Parlaments und des Rates über die Einstufung, Kennzeichnung und Verpackung von Stoffen und Gemischen (CLP-Verordnung; Classification, Labelling and Packaging of Chemicals) ersetzt. Damit wurde gleichzeitig das auf internationaler Ebene im Rahmen der Vereinten Nationen angenommene Globale Harmonisierte System (GHS) zur Einstufung und Kennzeichnung von Chemikalien in der Union umgesetzt. Mit der Verordnung (EG) Nr. 1272/2008 wurden jedoch neue und detailliertere Gefahrenklassen und -kategorien eingeführt, die nur teilweise denen der Richtlinie 67/548/EWG entsprechen. Die Richtlinie 97/23/EG wurde mit der Ausgabe 2014/68/EU daher an die Verordnung (EG) Nr. 1272/2008 angepasst, während gleichzeitig das bestehende Schutzniveau der alten Richtlinie weitgehend beibehalten wurde (Erwägungsgrund 16).

Wesentliche Neuerungen durch die CLP-Verordnung betreffen die Verschiebung von Flammpunktgrenzen, das Einteilungsschema für „hochentzündlich“, „leichtentzündlich“ etc., das nun stärker unterteilt wird, sowie die Toxizitäten, die mehr den Schwerpunkt auf die Aufnahme in den Körper betrachten, z. B. „giftig bei inhalativer, oraler, dermaler Aufnahme“. Mit der Umsetzung des GHS wurden die alten R(isiko)-Sätze durch die neuen H(azard)-Sätze ersetzt.

Die Mitgliedstaaten erließen und veröffentlichten als Umsetzung der Richtlinie 2014/68/EU im ersten Schritt bis zum 28. Februar 2015 die erforderlichen Rechts- und Verwaltungsvorschriften, die erforderlich sind, diesen geänderten Artikel 13 (Einstufung von Druckgeräten) zu erfüllen. Die Regierungen teilten diesen Wortlaut ihrer Maßnahmen der Kommission mit. Die EU-Länder wenden diese Vorschriften bereits seit dem 1. Juni 2015 an.

Die Mitgliedstaaten erließen und veröffentlichten im zweiten Schritt bis zum 18. Juli 2016 die Rechts- und Verwaltungsvorschriften, die erforderlich sind, um Artikel 2 (15) (32), die Artikel 6 bis 12, 14, 17 und 18, Artikel 19 (3) bis (5), Artikel 20 bis 43, 47 und 48 und die Anhänge I, II, III und IV der neuen Richtlinie 2014/68/EU umzusetzen. Diese sind seit dem 19. Juli 2016 anzuwenden.

Zu der neuen Druckgeräterichtlinie 2014/68/EU wurde bereits über das Amtsblatt der EU vom 23. Juni 2015 eine Korrektur veröffentlicht. Im Artikel 14 Absatz 7 und Artikel 48 Absatz 2 der RL 2014/68/EU muss es richtig heißen:

Artikel 14: (7) Abweichend von den Absätzen **1 bis 6** des vorliegenden Artikels können die zuständigen Behörden in berechtigten Fällen ..., auf die die Verfahren der Absätze **1 bis 6** des vorliegenden Artikels nicht angewandt wurden, gestatten.“

Artikel 48: (2) Die Mitgliedstaaten dürfen die Bereitstellung auf dem Markt und/ oder die Inbetriebnahme von unter die Richtlinie 97/23/EG fallenden Druckgeräten oder Baugruppen, die mit jener Richtlinie übereinstimmen und vor dem **19. Juli 2016** in Verkehr gebracht wurden, nicht behindern.“

Die neue Richtlinie 2014/68/EU umfasst 52 Artikel und 5 Anhänge.

Artikel 1 Geltungsbereich

Artikel 2 Begriffsbestimmungen

Artikel 3 Bereitstellung auf dem Markt und Inbetriebnahme

Artikel 4 Technische Anforderungen

Artikel 5 Freier Warenverkehr

Artikel 6 Verpflichtung der Hersteller

Artikel 7 Bevollmächtigter

Artikel 35	Einspruch gegen Entscheidungen von notifizierten Stellen, anerkannten unabhängigen Prüfstellen und Betreiberprüfstellen
Artikel 36	Meldepflichten der notifizierten Stellen, anerkannten unabhängigen Prüfstellen und Betreiberprüfstellen
Artikel 37	Erfahrungsaustausch
Artikel 38	Koordinierung der notifizierten Stellen, anerkannten unabhängigen Prüfstellen und Betreiberprüfstellen
Artikel 39	Überwachung des Unionsmarktes und Kontrolle der auf dem Unionsmarkt eingeführten Druckgeräte oder Bauteile
Artikel 40	Verfahren zur Behandlung von Druckgeräten oder Baugruppen, mit denen ein Risiko verbunden ist, auf nationaler Ebene
Artikel 41	Schutzklauselverfahren der Union
Artikel 42	Konforme Druckgeräte oder Baugruppen, die ein Risiko darstellen
Artikel 43	Formale Nichtkonformität
Artikel 44	Ausschussverfahren
Artikel 45	Übertragung von Befugnissen
Artikel 46	Ausübung der Befugnisübertragung
Artikel 47	Sanktionen
Artikel 48	Übergangsbestimmungen
Artikel 49	Umsetzung
Artikel 50	Aufhebung
Artikel 51	Inkrafttreten und Geltung
Artikel 52	Adressaten
Anhang I	Wesentliche Sicherheitsanforderungen
Anhang II	Konformitätsbewertungsdiagramme (Kategoriebestimmung)
Anhang III	Konformitätsbewertungsverfahren (Beschreibung der Module)
Anhang IV	Konformitätserklärung
Anhang V	*Aufgehobene Richtlinien mit ihren nachfolgenden Änderungen (Teil A) und Fristen für die Umsetzung in innerstaatliches Recht und die Anwendung (Teil B)*
Anhang VI	*Entsprechungstabelle*

Ein Vergleich der Abschnitte zwischen „alter“ Richtlinie 97/23/EG und „neuer“ Richtlinie 2014/68/EU mit den entsprechenden Stichworten ist im Anhang aufgeführt.

Präzisiert wurde in der Neuausgabe der Richtlinie, dass unter diese auch Druckgeräte und Baugruppen fallen, die beim Inverkehrbringen neu auf den Markt der Union gelangen. Dabei kann es sich entweder um neue, von einem in der Union niedergelassenen Hersteller gefertigte Druckgeräte oder Baugruppen handeln, oder um neue oder gebrauchte Druckgeräte und Baugruppen, die aus einem Drittland in die EU eingeführt werden (Erwägungsgrund 4).

Ein weiterer Grund für die Neufassung der Druckgeräterichtlinie war, dass die in der Richtlinie 97/23/EG enthaltenen Kriterien, die von den Konformitätsbewertungsstellen zu erfüllen sind, damit sie in der Kommission notifiziert werden können, nicht dafür ausreichend waren, um unionsweit ein einheitlich hohes Leistungsniveau der notifizierten Stellen zu gewährleisten. Es ist aber besonders wichtig, dass alle Konformitätsbewertungsstellen ihre Aufgaben auf gleichermaßen hohem Niveau und unter fairen Wettbewerbsbedingungen erfüllen. Dies erforderte mithin die Festlegung von verbindlichen Anforderungen für die Konformitätsbewertungsstellen, die eine Notifizierung für die Erbringung von Konformitätsbewertungsleistungen anstreben (Erwägungsgrund 40). Daher wurde die Neufassung der Richtlinie im Wesentlichen um die Artikel 20 bis 25, Artikel 27 bis 29 und Artikel 32 bis 38 ergänzt.

Der Artikel 2(18) der RL 2014/68/EU beinhaltet eine erweiterte Definition des Herstellerbegriffs: *„jede natürliche oder juristische Person, die ein Druckgerät oder eine Baugruppe herstellt bzw. entwickeln oder herstellen lässt und dieses Druckgerät oder diese Baugruppe unter ihrem eigenen Namen oder ihrer eigenen Marke vermarktet oder für eigene Zwecke verwendet"*. Neu ist in dieser Fassung die Formulierung „für eigene Zwecke verwendet". Damit wird von der neuen RL 2014/68/EU jetzt auch der Hersteller erfasst, der Druckgeräte nur für die eigene Nutzung herstellen möchte.

Der Textumfang der neuen Druckgeräterichtlinie ist deutlich angewachsen und die Gliederung unterscheidet sich an mehreren Stellen signifikant von der gewohnten RL 97/23/EG. Durch die redaktionelle Neustrukturierung hat sich vor allem die Nummerierung der Artikel geändert. So wurden z. B. Art. 3(3)-Behälter/Rohrleitungen (also Druckbehälter/Rohrleitungen, die aufgrund ihrer maximalen Betriebsparameter nicht den Anhang I der Druckgeräterichtlinie erfüllen müssen und auch keine CE-Kennzeichnung nach Druckgeräterichtlinie erhalten) am 19. Juli 2016 zu „Art. 4(3)-Behältern/Rohrleitungen". Dies ist zwar nur eine redaktionelle Änderung, jedoch ist der Begriff „Art. 3(3)" in den betroffenen Kreisen zu einem stehenden Begriff geworden. Viele Firmen oder Institutionen müssen aufgrund dieser Neustrukturierung in der RL 2014/68/EU in großem Umfang ihre internen Dokumente umstellen. Gleiches gilt für die Liste der generellen Ausnahmen aus der Druckgeräterichtlinie: Druckgeräte, die z. B. aufgrund anderer Richtlinien oder wegen Zugehörigkeit zu anderen Rechtsbereichen bislang gemäß den Artikeln 1.3.1 bis 1.3.21 der RL 97/23/EG aus dem Geltungsbereich ausgenommen waren, unterliegen künftig den Ausnahmen nach Art. 1.2 a) bis Art. 1.2 u) der „neuen“ RL 2014/68/EU.

Auch hier gibt es fachlich keine Veränderung, aber einige Artikelnummern (z. B. Ausnahme nach Artikel 1.3.10) dürften Eingang in verschiedene Dokumentationen gefunden haben, die dann künftig angepasst werden müssen.

Im Anhang I wird in der RL 2014/68/EU jetzt von „Wesentlichen Sicherheitsanforderungen“ anstelle von ehemals „Grundlegenden Sicherheitsanforderungen“ in der RL 97/23/EG gesprochen.

1.3 Mögliche Probleme und Lösungen bei der Umstellung

Eine Übergangsfrist mit z. B. paralleler Gültigkeit beider Richtlinien hat die EU-Kommission nicht vorgesehen. Am 18. Juli 2016 um 24.00 Uhr wurde die RL 97/23/EG für aufgehoben erklärt, am 19. Juli 2016 um 00.00 Uhr trat an deren Stelle die „neue“ RL 2014/68/EU. Im Rahmen der Umstellung von „alter“ Druckgeräterichtlinie auf die „neue“ Druckgeräterichtlinie am 19. Juli 2016 könnte es zu Fehlern in der Dokumentation kommen.

Hierzu zählt beispielsweise, dass sich bei nicht reibungsfreien Projekten die Beantragung und Durchführung der Entwurfsprüfung einschließlich deren Bestätigung (in Kategorie III und Kategorie IV) noch auf die RL 97/23/EG beziehen kann. Eine benannte Stelle würde eine Entwurfsprüfung auf Basis der alten Richtlinie nach 97/23/EG durchführen und vor dem 18. Juli 2016 eine EG-Entwurfsprüfbescheinigung (mit Bezug auf die Modulbezeichnungen B1) bescheinigen.

Die Abnahme und die Konformitätserklärung finden aber in diesem Beispiel eventuell erst nach dem 19. Juli 2016 statt. Die Konformitätsbescheinigung der notifizierten Stelle und die EU-Konformitätserklärung (Modul $B_{Entwurfsprüfung}$ + F) des Herstellers müssen in diesem Fall nach der RL 2014/68/EU ausgestellt werden.

Müssen für die Abnahme und die auszustellenden Bescheinigungen und Erklärungen neue Entwurfsprüfungen beantragt werden, um formal den Bezug zur neuen Druckgeräterichtlinie zu erfüllen? Eine eindeutige Klärung liefert hierzu Artikel 48 der RL 2014/68/EU. Dort heißt es in Absatz 3: *„Gemäß der Richtlinie 97/23/EG von Konformitätsbewertungsstellen ausgestellte Bescheinigungen und gefasste Beschlüsse bleiben im Rahmen der vorliegenden Richtlinie gültig.“* Es sind also keine ergänzenden Prüfungen oder neue Bescheinigungen erforderlich. Gleiches gilt für Schweißerprüfungsbescheinigungen, Bedienerprüfungsbescheinigungen, Verfahrensprüfberichte und Kompetenzzertifikate von Personal für zerstörungsfreie Prüfungen, in denen noch der Bezug zur RL 97/23/EG gegeben ist.

Druckgeräte und Baugruppen, welche unter die RL 97/23/EG fielen, mit jener Richtlinie übereinstimmen und vor dem 1. Juni 2016 in Verkehr gebracht wurden, deren Bereitstellung auf dem Markt und/oder die Inbetriebnahme darf ebenfalls nicht behindert (verboten) werden (Artikel 48 (2)). Es dürfen somit selbstverständlich Druckgeräte und Baugruppen, die nach RL 97/23/EG eine Konformitätserklärung aufwiesen (vor dem 1. Juni 2015 mit Einteilung der Fluide nach Richtlinie 97/23/EG; nach dem 1. Juni 2015 mit Einteilung der Fluide nach Artikel 13 der RL 2014/68/EU) auch weiterhin verkauft werden.

Weiterhin dürfen die Mitgliedstaaten die Inbetriebnahme von Druckgeräten und Baugruppen, die den in ihrem Hoheitsgebiet zum Zeitpunkt des Beginns der Anwendung der Richtlinie 97/23/EG geltenden Vorschriften entsprechen und bis zum 29. Mai 2002 in Verkehr gebracht wurden, nicht behindern. Dies betrifft die Altanlagen, also den Bestandsschutz (Artikel 48 (1)).

2 Umsetzung in deutsches Recht

Alle neuen Europäischen Richtlinien sind binnen einer festgelegten Frist in allen europäischen Mitgliedstaaten in nationales Recht zu überführen, so auch die Druckgeräterichtlinie. Die alte Druckgeräterichtlinie war bis zum 28. Mai 1999 in eine nationale Rechtsvorschrift umzusetzen. Die nationale Umsetzung dieser Druckgeräterichtlinie 97/23/EG in der Bundesrepublik Deutschland geschah mit der „Verordnung zur Rechtsvereinfachung im Bereich der Sicherheit und des Gesundheitsschutzes bei der Bereitstellung von Arbeitsmitteln und deren Benutzung bei der Arbeit, der Sicherheit beim Betrieb überwachungspflichtiger Anlagen und der Organisation des betrieblichen Arbeitsschutzes“ vom 27. September 2002 (BGBl. Teil I Nr. 70 vom 2. Oktober 2002, S. 3777).

In dieser Artikelverordnung wurde über Artikel 3 „Druckgeräteverordnung“, der 14. Verordnung zum Gerätesicherheitsgesetz (GSG), diese Europäische Richtlinie 97/23/EG in nationales Recht umgesetzt. Diese Artikelverordnung wurde im Bundesgesetzblatt vom 2. Oktober 2002 veröffentlicht und trat am darauf folgenden Tag in Kraft. Gleichzeitig wurden über den Artikel 8 „Inkrafttreten/Außerkrafttreten“ die Dampfkesselverordnung, Druckbehälterverordnung und die Acetylenverordnung mit Wirkung zum 1. Januar 2003 außer Kraft gesetzt.

Das Gerätesicherheitsgesetz wurde durch das Gesetz zur Neuordnung der Sicherheit von technischen Arbeitsmitteln und Verbraucherprodukten, dem Geräte- und Produktsicherheitsgesetz (14. GPSG) vom 6. Januar 2004, abgelöst (BGBl. Teil I Nr. 1 vom 9. Januar 2004, S. 2). Dieses Gesetz dient der Umsetzung von insgesamt 14 Europäischen Richtlinien, darunter auch der Druckgeräterichtlinie, in nationales Recht.

Mit einem nachfolgenden Gesetz über die Neuordnung des Geräte- und Produktsicherheitsrechts vom 8. November 2011 [3] wurde dieses bisherige Geräte- und Produktsicherheitsgesetz mit dem Artikel 1 dieses Gesetzes vom 8. November 2011 umbenannt in das „Gesetz über die Bereitstellung von Produkten auf dem Markt (Produktsicherheitsgesetz – ProdSG)“. Mit Artikel 24 aus diesem Gesetz wurde auch die Änderung der Druckgeräteverordnung beschlossen. Diese Änderungen betreffen im Wesentlichen Neuformulierungen von Begriffen.

Der Begriff „Inverkehrbringen“ wird durch den Begriff „Bereitstellung auf dem Markt“ ersetzt, die Wörter „in Verkehr gebracht“ durch die Wörter „auf dem Markt bereitgestellt“ ersetzt und das Wort „zugelassenen“ (in Zusammenhang mit Stellen) durch das Wort „notifizierten“ ersetzt.

Somit besteht zwischen Druckgeräterichtlinie und Umsetzung in deutsches Recht ein kleiner Unterschied in der Begrifflichkeit. Im Folgenden werden jedoch weiter die Begriffe aus der Druckgeräterichtlinie verwendet.

Auch die neue „Richtlinie zur Harmonisierung der Rechtsvorschriften der Mitgliedstaaten über die Bereitstellung von Druckgeräten auf dem Markt" RL 2014/68/EU wurde über eine Änderung des Produktsicherheitsgesetzes in deutsches Recht umgesetzt. Mit der Vierzehnten Verordnung zum Produktsicherheitsgesetz (Druckgeräteverordnung – 14. ProdSV) vom 13. Mai 2015 in Verbindung mit dem Produktsicherheitsgesetz (ProdSG) ist die Umsetzung der neuen Druckgeräterichtlinie 2014/68/EU in nationales Recht erfolgt. Die aus dem Beschluss Nr. 768/2008/EG in das Kapitel 4 der Richtlinie 2014/68/EU übernommenen Bestimmungen für die Notifizierung von Konformitätsbewertungsstellen sind in Deutschland bereits mit den Abschnitten 3 und 4 des ProdSG, auf das die Verordnung abgestützt ist, umgesetzt.

Die neue 14. ProdSV ist am 18. Mai 2015 im Bundesgesetzblatt (BGBl. Teil 1 Seiten 692 bis 699) veröffentlicht worden. Sie sieht – entsprechend den europäischen Vorgaben – zwei Termine für ihre Anwendung vor:

Die Vorschrift über die Einstufung von Fluiden (§ 13) ist ab dem 1. Juni 2015 anzuwenden, die übrigen Bestimmungen der Verordnung seit dem 19. Juli 2016.

3 Was ist ein Druckgerät?

Der Begriff Druckgerät stammt aus der Übersetzung der englischen Bezeichnung *pressure equipment* und beschreibt damit alle unter Druck stehenden Produkte. Ein Druckgerät kann nach Druckgeräterichtlinie ein Behälter, ein Dampfkessel, eine Rohrleitung, ein Ausrüstungsteil mit Sicherheitsfunktion, ein druckhaltendes Ausrüstungsteil oder eine Baugruppe, also eine Zusammenfügung mehrerer Druckgeräte, sein. Druckgeräte umfassen auch alle gegebenenfalls an drucktragenden Teilen angebrachten Elemente, wie z. B. Flansche, Stutzen, Kupplungen, Trageelemente, Hebeösen usw.

Im Sinne dieser Richtlinie bezeichnet der Ausdruck:

„Behälter“: Ein geschlossenes Bauteil, das zur Aufnahme von unter Druck stehenden Fluiden ausgelegt und gebaut ist, einschließlich der direkt angebrachten Teile bis hin zur Vorrichtung für den Anschluss an andere Geräte. Ein Behälter kann dabei auch mehrere Druckräume aufweisen.

„Rohrleitungen“: Zur Durchleitung von Fluiden bestimmte Leitungsbauteile, die für den Einbau in ein Drucksystem miteinander verbunden sind. Zu Rohrleitungen zählen insbesondere Rohre oder Rohrsysteme, Rohrformteile, Ausrüstungsteile, Ausdehnungsstücke, Schlauchleitungen oder gegebenenfalls andere druckhaltende Teile. Wärmetauscher aus Rohren zum Kühlen oder Erhitzen von Luft sind Rohrleitungen gleichgestellt. Gerade für die Bestimmung der Art des Druckgerätes bei einem Wärmetauscher sollte die Leitlinie B-04 herangezogen werden.

„Ausrüstungsteile mit Sicherheitsfunktion“: Einrichtungen, die zum Schutz des Druckgeräts bei einem Überschreiten der zulässigen Grenzen bestimmt sind. Diese Einrichtungen umfassen:

- Einrichtungen zur unmittelbaren Druckbegrenzung wie Sicherheitsventile, Berstscheiben, Knickstäbe, gesteuerte Sicherheitseinrichtungen (CSPRS [**c**ontrolled **s**afety **p**ressure **r**elief **s**ystem]);
- Begrenzungseinrichtungen, die entweder Korrekturvorrichtungen auslösen oder ein Abschalten oder Abschalten und Sperren bewirken wie Druck-, Temperatur- oder Fluidniveauschalter sowie mess- und regeltechnische Schutzeinrichtungen (SRMCR [**s**afety **r**elated **m**easurement **c**ontrol and **r**egulation]).

„Druckhaltende Ausrüstungsteile“: Einrichtungen mit einer Betriebsfunktion, die ein druckbeaufschlagtes Gehäuse aufweisen, z. B.:

- Absperreinrichtungen (Armaturen wie Ventile, Hähne, Schieber, Klappen);
- Druckwarneinrichtungen wie Differenzdruckmesser;

- Einrichtungen zum Ableiten von Niederschlagsflüssigkeiten (Kondensatableiter);
- Durchflussschauglasarmaturen;
- Flüssigkeitsstandanzeiger;
- Druckmesseinrichtungen (Manometer);
- Filter und Ausdehnungsstücke.

Nicht zu den druckhaltenden Ausrüstungsteilen zählen unter anderem: Deckel, Ringbund, Dichtungen, Flansche, Bolzen (Bauteile von Druckgeräten), Sichtgläser mit Rahmen/Halteflansch (Bauteil von Druckgeräten).

„Baugruppen“: Mehrere Druckgeräte, die von einem Hersteller zu einer zusammenhängenden funktionalen Einheit mit den notwendigen Ausrüstungsteilen mit Sicherheitsfunktion verbunden werden. Ist eine solche Baugruppe vom Hersteller dazu bestimmt, in dieser Einheit auf den Markt gebracht zu werden, unterliegt die Baugruppe ebenfalls der Konformitätsbewertung gemäß Druckgeräterichtlinie. Dies kann dann eine Flüssiggasbehälteranlage, eine Dampfkesselanlage oder Kälteanlage sein.

4 Interpretationshilfen (Leitlinien) zur Druckgeräterichtlinie

Um eine einheitliche Interpretation des Richtlinientextes zu gewährleisten, sind die „Leitlinien (Guidelines)" zur Hilfe zu nehmen. Diese thematisch geordneten Leitlinien sollen zur Klärung gewisser Fragen und Verfahren im Zusammenhang mit der Druckgeräterichtlinie dienen. Die Leitlinien zur RL 97/23/EG folgten dabei nachstehender Systematik (x/y):

Die erste Zahl (x) kennzeichnet das Thema, z.B. „4/y" zu „Bewertungsverfahren",

die zweite Zahl (y) ist eine fortlaufende Aufzählung in diesem jeweiligen Thema.

Die Zahl (x) bezieht sich auf folgende Themen:

1) Anwendungsbereich der Richtlinie und Ausnahmen
2) Einstufung und Kategorien
3) Baugruppen
4) Bewertungsverfahren
5) Interpretation der grundlegenden Anforderungen an den Entwurf
6) Interpretation der grundlegenden Anforderungen an die Fertigung
7) Interpretation der grundlegenden Anforderungen an Werkstoffe
8) Interpretation sonstiger grundlegender Anforderungen
9) Verschiedenes
10) Allgemeines/Querschnittsthemen.

Die Erarbeitung dieser Leitlinien findet in den beiden Ratsarbeitsgruppen „Leitlinien" und „Druck" der Kommission statt. Die technischen Fragen werden nach Erarbeitung durch eine oder mehrere Expertengruppen (z.B. Forum der Konformitätsbewertungsstellen (CABF; Conformity Assement Body Forum), Hersteller- oder Betreiberverbände, nationale Normungsspiegelgremien) zunächst in der Working Party Guidelines „Leitlinien" (WPG) diskutiert und anschließend der Gruppe der Regierungssachverständigen (Working Group Pressure „Druck" = WGP) zur Annahme vorgelegt.

Die Leitlinien haben in den meisten Mitgliedsstaaten nur einen informellen Status und sind nur in bestimmten Mitgliedsstaaten nach deren nationalem Recht verbindlich anzuwenden.

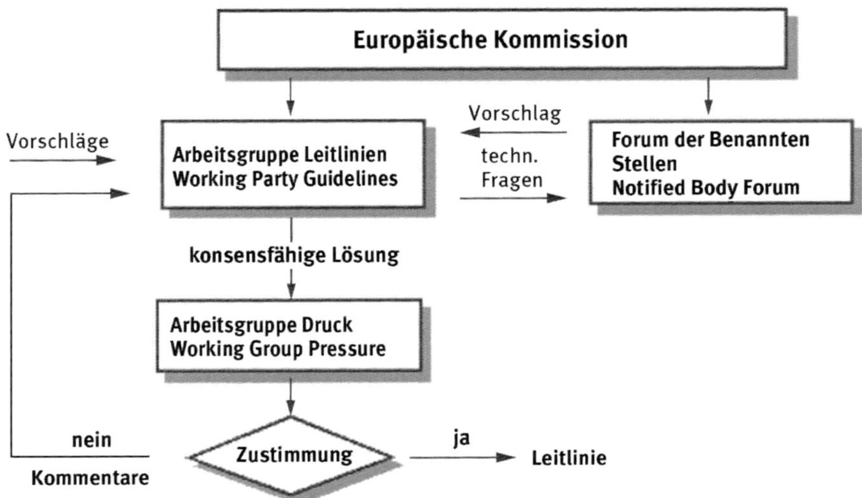

Bild 1: Schema zur Verabschiedung einer Leitlinie

Die Leitlinien sind auf der Internet-Seite der Europäischen Kommission in stetig aktualisierter Form zu finden (siehe Abschnitt 29). Zurzeit sind zum Thema Druckgeräte über 230 Leitlinien verfügbar. Gleichlautend sind sie auch als VdTÜV-Merkblatt „Druckgeräte 201“ [4] erschienen.

Eine weitere hilfreiche Quelle ist die CD-ROM „PED Professional“ des TÜV Süddeutschland „PED V 6.5.0“ [5]. Auf dieser CD ist u. a. der Text der Druckgeräterichtlinie mit Links auf vorhandene Leitlinien verknüpft und ermöglicht so ein leichtes Lesen und Verstehen des Richtlinientextes.

Diese Leitlinien haben jedoch in Deutschland keine Rechtsverbindlichkeit. Im Zweifelsfall gilt ausschließlich der Text der Europäischen Richtlinie.

Die bisher veröffentlichten Leitlinien bezogen sich hinsichtlich der Zuordnung von Anhängen und Abschnitten auf die RL 97/23/EG. Alle diese Leitlinien wurden von der WPG und der WGP redaktionell auf die Struktur der RL 2014/68/EU abgestimmt und neu veröffentlicht. Der Inhalt der meisten Leitlinien blieb bei der Umstellung auf RL 2014/68/EU gleich, nur der Bezug zu Artikel, Absatz, Anhängen und Tabellen wurde angepasst. Die veröffentlichten Leitlinien zur RL 2014/68/EU folgen dabei nachstehender Systematik (x-yy):

Der Buchstabe (x) kennzeichnet das Thema, z. B. „D-yy“ zu „Bewertungsverfahren“, die nachgestellte Zahl (y) ist eine fortlaufende Aufzählung in diesem jeweiligen Thema.

Der Buchstabe (x) bezieht sich auf folgende Themen:

A Anwendungsbereich der Richtlinie und Ausnahmen

B Einstufung und Kategorien

C Baugruppen

D Bewertungsverfahren

E Interpretation der grundlegenden Anforderungen an den Entwurf

F Interpretation der grundlegenden Anforderungen an die Fertigung

G Interpretation der grundlegenden Anforderungen an Werkstoffe

H Interpretation sonstiger grundlegender Anforderungen

I Verschiedenes

J Allgemeines/Querschnittsthemen.

Mit dem Wechsel Zahl auf Buchstabe für das erste Merkmal einer Leitlinie erkennt der Anwender sofort, dass sich diese Leitlinie auf die „neue" Richtlinie bezieht, die „bekannte" Nummer blieb jedoch erhalten.

Im Nachfolgenden sind alle bisher veröffentlichten Leitlinien zur Druckgeräterichtlinie aufgeführt:

Themenbereich	**Leitlinie**	
	zu RL 2014/68/EU	**Nummer**
1 Geltungsbereich und Ausnahmen		
Tragbare Feuerlöscher	Artikel 4 Abs. 1 (a); Artikel 1 Abs. 2 (s); Anhang II	A-01
Tank oder Tankcontainer	Artikel 2 Abs. 1	A-02
Reparaturen	Artikel 1; Anhang I Abs. 3.4	A-03
Rohrsystem	Artikel 2 Abs. 3	A-04
Behälter ≤ 0,1 l	Artikel 4; Anhang II	A-05
Klassifizierung von Druckmessern	Artikel 2 Abs. 4; Anhang I Ziffer 2.10	A-06
Druckhaltendes Ausrüstungsteil	Artikel 2 Abs. 5	A-08
Rohrleitungen	Artikel 2 (3)	A-09

Themenbereich	**Leitlinie**	
	zu RL 2014/68/EU	**Nummer**
Flaschen für Atemschutzgeräte	Artikel 1 Abs. 2 (s); Artikel 4 Abs. 1 (a)(i) 2ter Strich	A-10
Wesentlicher Faktor für die Konstruktion	Artikel 1 Abs. 2 (j)	A-11
Kompressoren	Artikel 1 Abs. (f) und (j)	A-12
Vakuumisolierung	Artikel 1	A-13
Transporttanks	Artikel 2 Abs. 1	A-14
Druckhaltende Ausrüstungsteile	Artikel 2 Abs. 5	A-15
Wasserversorgungsnetze	Artikel 1 Abs. 2 (b)	A-16
Standarddruckgeräte	Artikel 1 Abs. 2 (a)	A-17
Fernleitungen für Fernheizsysteme	Artikel 1 Abs. 2 (a)	A-18
Anwendung auf Hydraulikbauteile	Artikel 1 Abs. 2 (f); Artikel 1 Abs. 2 (j)	A-19
Mess- oder Regelsysteme; Ausrüstungsteile mit Sicherheitsfunktion	Artikel 2 (4); Anhang I Abs. 2.10 und 2.11	A-20
Anwendung der Richtlinie auf Bauteile von Druckgeräten	Artikel 2 (1)	A-22
Betriebsfunktion von tragbaren Feuerlöschern	Artikel 4 Abs. 1 (a)(i)	A-23
Suspensionen von Feststoffen	Artikel 2 (12)	A-24
Sensoren	Artikel 2 Abs. 4 und Abs. 5	A-25
Anwendungsbereich, Ausnahme Kategorie I Druckgeräte	Artikel 1 Abs. 2 (f)(i)	A-26
Was bedeutet der Begriff bewegliche Off-shore-Anlagen?	Artikel 1 Abs. 2 (h)	A-27
Anwendungsbereich der DGRL auf Fernleitungsstationen	Artikel 1 Abs. 2 (a)	A-28
Wo endet eine Fernleitung, wo beginnt die Betriebsleitung?	Artikel 1 Abs. 2 (a)	A-29

Themenbereich	Leitlinie	
	zu RL 2014/68/EU	Nummer
CE-Kennzeichnung und π-Kennzeichnung	Artikel 1 Abs. 2 (s)	A-30
Tankstellen für erdgasbetriebene Fahrzeuge	Artikel 1 Abs. 2 (a); Artikel 1 abs. 2 (j)	A-31
Kennzeichnung von ortsbeweglichen Druckgeräten, die stationär eingesetzt werden	Artikel 1 Abs. 2 (s)	A-33
Anwendung der DGRL auf Güllebehälter	Artikel 1 Abs. 2 (s); Artikel 4 Abs. 1 (a) und Anhang II	A-34
Gaspatronen für tragbare Feuerlöscher	Artikel 1 Abs. 2 (s) und Artikel 4 Abs. 1 (a)(i)	A-35
Gasflaschen für stationäre Feuerlöschanlagen	Artikel 1 Abs. 2 (s); Artikel 4 Abs. 1 (a); Anhang II Diagramm 2	A-36
Anwendung der Richtlinie auf Druckgeräte zwischen Unterwasserbohrlochschablone und der Plattform	Artikel 1 Abs. 2 (i)	A-37
Rohrleitungen in Feuerlöschsystemen	Artikel 2 Abs. 3; Artikel 1 Abs. 2 (b); Anhang II Diagramme 7 und 9	A-38
Sind Baugruppen, die nach Artikel 13 in die Kategorie I fallen und von den in den aufgeführten Richtlinien erfasst werden, in dem Anwendungsbereich der DGRL?	Artikel 1 Abs. 2 (f); Anhang X Abschnitt Y	A-39
Druckbeaufschlagtes Gehäuse	Artikel 1 Abs. 5	A-40
Fallen Tanks für Autogas oder komprimiertes Erdgas, die in einen motorbetriebenen Gabelstapler fest eingebaut werden, in den Anwendungsbereich der DGRL?	Artikel 1 Abs. 2 (e) und 2 (s)	A-41
Abblaseleitungen druckhaltender Ausrüstungsteile	Artikel 2 Abs. 3; Anhang I Abschnitt 2.2.1	A-42

Themenbereich	Leitlinie	
	zu RL 2014/68/EU	Nummer
Ausrüstungsteile mit Sicherheitsfunktion	Artikel 2 Abs. 4; Anhang I Abschnitte 2.10a und 2.11	A-43
Ausnahmeregelung von Artikel 1 Abs. 2 (e)	Artikel 1 Abs. 2 (e)	A-45
Unterliegen in Fahrzeuge eingebaute Druckgeräte dem Anwendungsbereich der DGRL?	Artikel 1 Abs. 2 (e)	A-46
Kennzeichnung von Komponenten für Wärmetauscher	Artikel 2 Abs. 2; Artikel 13 Abs. 2; Artikel 19 Abs. 1	A-47
Fallen Flammensperren und Flammendurchschlagsicherungen in den Anwendungsbereich der DGRL?	Artikel 1 Abs. 2 (f) Artikel 2 Abs. 4 und Abs. 8; Anhang I Abschnitt 2.2.1	A-48
Werden Akkumulatoren zum Betrieb von elektrischen Hochspannungsbetriebsmitteln von der Ausnahme in Artikel 1 Abs. 2 (l) erfasst?	Artikel 1 Abs. 2 (l)	A-49
Fällt der Fackelkopf am Ende der Rohrleitung in den Anwendungsbereich der DGRL?	Artikel 1 Abs. 2 (j)	A-50
Was ist unter Hochspannung zu verstehen?	Artikel 1 Abs. 2 (l)	A-51
Elektrische Schnellkochtöpfe	Artikel 1 Abs. 2 (f); Artikel 4 Abs. 1 (b); Anhang II	A-52
Trocknerwalzen in der Papierindustrie	Artikel 1 Abs. 2 (j)	A-53
Ausschluss für den Transport gefährlicher Güter nach Artikel 1 Abschnitt 2 (s)	Artikel 1 Abs. 2 (s)	A-54
Rohrleitungen in Turbinensystemen	Artikel 1 Abs. 2 (f) und 2 (j); Artikel 2 Abs. 3	A-55
Berücksichtigung von Explosionen unter der DGRL	Anhang I Abschnitt 2.2.1	A-56
Behälter unter Vakuumbedingungen	Artikel 2 Abs. 7	A-57

Themenbereich	Leitlinie zu RL 2014/68/EU	Nummer
2 Einstufung und Kategorien		
Anforderungen an druckhaltende Ausrüstungsteile	Artikel 4 Abs. 1 (d); Anhang II Punkt 3	B-01
Definition von DN	Artikel 2 Abs. 11; Artikel 4 Abs. 1 (c)	B-02
Klassifizierung von Rohrleitungen für Heißwasser	Artikel 4 Abs. 1; Anhang II	B-03
Wärmetauscher	Artikel 2 Abs. 2 und 3	B-04
Einstufung von Warmwasserbereitern; Einstellung von Sicherheitstemperaturbegrenzern	Artikel 1 Abs. 9, Artikel 4 Abs. 1 (b), Anhang II Diagramm 5	B-05
Zuordnung von befeuerten oder anderweitig beheizten Geräten	Artikel 4 Abs. 1 (a), 2 (a), 2 (b)	B-06
Einstufung von Behältern für Flüssigkeiten mit einer geringen Gasschicht	Artikel 13	B-08
Einstufung von Ausdehnungsgefäßen	Artikel 4 Abs. 1 (a), Artikel 13 Abs. 2	B-09
Einstufung eines Behälters mit unterschiedlichen Fluiden	Artikel 4 Abs. 1 (a), Artikel 13 Abs. 2	B-10
Anwendung eines Moduls von einer höheren Kategorie	Artikel 14 Abs. 3; Anhang II, Anhang III	B-11
Einstellung des Sicherheitstemperaturbegrenzers	Artikel 2 Abs. 9	B-12
Zuordnung der Druckgeräte und Rohrleitungen zu den Konformitätstabellen (Ablaufdiagramm)	Artikel 4 Abs. 1 (a) (b) (c); Anhang II	B-13
Konformitätsbewertung von tragbaren Feuerlöschern	Artikel 4 Abs. 1 (a)(i); Anhang II, Diagramm 2	B-14
Anwendung der grundlegenden Sicherheitsanforderungen des Anhanges I auf Schnellkochtöpfe	Artikel 4 Abs. 1 (b); Anhang II Diagramm 5	B-15

Themenbereich	Leitlinie	
	zu RL 2014/68/EU	Nummer
Druckregler; Ausrüstungsteile mit Sicherheitsfunktion?	Artikel 2 Abs. 4; Anhang I Abs. 2.11	B-16
Einstufung von druckhaltenden Ausrüstungsteilen	Artikel 13; Anhang II Punkt 3	B-17
Anwendung von Modulen auf Geräte nach Artikel 3 Abs. 3	Artikel 3 Abs. 4; Artikel 14 Abs. 3	B-18
Instabile Gase	Anhang I Abschnitte 2.2.1 und 2.3, Anhang II Diagramme 1 und 6	B-21
Was bedeutet Überhitzung?	Artikel 4 Abs. 1 (b); Anhang II Abs. 5	B-22
Einstufung von Solarkollektoren	Artikel 4 Abs. 1 und 3; Anhang II	B-23
Einstufung eines Druckgerätes mit überlagertem Gaspolster	Artikel 2	B-26
Einstufung eines Druckgerätes, wenn Fluide einer chemischen Reaktion unterliegen	Artikel 13 Abs. 1 (a), 1 (b) und 2	B-27
Einstufungen von Rohrleitungen mit unterschiedlichen Durchmessern	Artikel 2 Abs. 2, Artikel 4 Abs. 1 (c) und Anhang II	B-28
Ausrüstungsteile mit Sicherheitsfunktion bei Vakuumbehältern	Anhang I, Abschnitt 2.10	B-29
Einstufung von Suspensionen, die Feststoffe enthalten	Artikel 2 Abs. 12; Artikel 13 Abs. 1 (a), 1 (b)	B-30
Ist eine Sperre an einem Schnellverschluss als Ausrüstungsteil mit Sicherheitsfunktion anzusehen?	Artikel 2 Abs. 4; Anhang I Abs. 2.3	B-32
Bestimmung der Kategorie eines hermetisch verschlossenen Kühlkompressors	Artikel 1 Abs. 2 und Abs. 10; Artikel 13 Abs. 2	B-34
Rohrleitung mit einer Doppelummantelung	Artikel 1 Abs. 3	B-35
Ausnahme vom Anwendungsbereich; Winderhitzungsanlagen	Artikel 1 Abs. 2 (k)	B-36

Themenbereich	Leitlinie zu RL 2014/68/EU	Nummer
Kondensatabscheider in Rohrleitungen	Artikel 2 Abs. 3 und Abs. 5	B-37
Ausnahme vom Anwendungsbereich; Winderhitzungsanlagen	Artikel 1 Abs. 2 (p)	B-38
Druckhaltende Ausrüstungsteile in Verbindung mit Ausrüstungsteilen mit Sicherheitsfunktion	Artikel 2 Abs. 2, 5 und 6	B-40
Zusätzliche Informationen zur Einstufung nach Artikel 13	Artikel 13	B-41
3 Baugruppen		
Baugruppen für die Erzeugung von Warmwasser	Artikel 4 Abs. 2	C-03
Mindestumfang für eine „Kesselbaugruppe“	Artikel 4 Abs. 2 (a); Anhang I Abschnitt 5	C-04
CE-Kennzeichnung von Baugruppen für die Erzeugung von Warmwasser	Artikel 4 Abs. 2; Artikel 19 Abs. 1; Anhang II Diagramm 4	C-05
Hydrostatischer Druckversuch	Artikel 14 Abs. 6; Anhang I Abschnitte 3.2.2 und 7.4	C-06
Gesamtbewertung einer Baugruppe, wenn Geräte keine eigene CE-Kennzeichnung haben	Artikel 14 Abs. 6 (a)	C-07
Inverkehrbringen von Druckgeräten nach dem 29. Mai 2002	Artikel 48; Artikel 4 Abs. 2; Artikel 14 Abs. 6 (a)	C-11
Anwendung der grundlegenden Sicherheitsanforderungen auf Baugruppen	Artikel 14 Abs. 6; Anhang I	C-12
Baugruppen mit Druckgeräten, die vom Anwendungsbereich ausgenommen sind	Artikel 2 Abs. 6; Artikel 4 Abs. 2 (b); Artikel 14 Abs. 6	C-13
EG-Entwurfsprüfbescheinigungen bei mit festen Brennstoffen von Hand beschickten Baugruppen	Artikel 1 Abs. 2.1.5, Artikel 3 Abs. 2.3 und Anhang II Diagramm 4	3/14

Themenbereich	Leitlinie zu RL 2014/68/EU	Nummer
Festlegung der Kategorien bei dauerhaften Verbindungen bei einer Baugruppe	Artikel 14 Abs. 6; Anhang I Abschnitt 3.1.2	C-15
Zuordnung zu der höchsten Kategorie	Artikel 14 Abs. 6 (b)	C-16
Typenschilder an Druckbehältern in Baugruppen	Artikel 14 Abs. 6; Artikel 19 Abs. 2; Anhang I Abschnitt 3.3	C-18
Änderung an Druckgeräten in Baugruppen	Artikel 14 Abs. 6	C-19
Transportable Druckbehälter in DGRL-Baugruppen	Artikel 1 Abs. 2 (s); Artikel 2 Abs. 6; Artikel 114 Abs. 6	C-20
4 Bewerten des Herstellungsverfahrens		
Entwurfszulassung bei Modul G	Anhang III Modul G	D-01
Qualitätssicherungssysteme des Herstellers	Anhang III	D-02
Anwendung der Konformitätsbewertungsmodule bei der Untervergabe von Aufträgen	Anhang III	D-03
Auswahl der notifizierten Stellen in der Entwurfs- und Produktionsphase	Anhang III	D-04
Unterschiedliche Module bei der Konformitätsbewertung einer Baugruppe	Artikel 14 Abs. 6 Anhang III	D-06
Prüfung der Betriebsanleitung durch eine Benannte Stelle	Anhang I Abschnitte 1.2, 3.2.1 und 3.4; Anhang III	D-07
Verpflichtung zur Komponentenprüfung	Anhang I und III	D-09
Herstellerzertifikat	Artikel 2 (18); Artikel 14; Anhang I Vorbemerkung 3	D-10
Berstscheibensicherheitseinrichtungen	Artikel 2 (s); Artikel 4 Abs. 1 (d); Artikel 19	D-11
Informationen zu Qualitätssicherungssystemen	Anhang III Modul D, Modul D1, Modul E, Modul E1, Modul H und Modul H1	D-12

Themenbereich	Leitlinie	
	zu RL 2014/68/EU	Nummer
Bezeugung der Schlussprüfung bei Modul F oder Modul G durch den Hersteller	Anhang I Abs. 3.2.1 und 3.2.2; Anhang III Modul F Abschnitt 4.1 und Modul G Abschnitt 4	D-13
Wechsel der benannten Stelle bei Qualitätssicherungssystemen	Artikel 19 Abs. 4; Anhang III Module D/D1, E/E1, H/H1	D-15
5 Interpretation der grundlegenden Sicherheitsanforderungen bezüglich des Entwurfs		
Experimentelle Auslegungsmethode; Berechnung	Anhang I Abs. 2.2.2 und 2.2.4	E-01
Druckbegrenzung bei externen Bränden	Anhang I, Abschnitte 2.11.2, 2.12 und 7.3	E-02
Interne oder externe Undichtigkeiten bei Druckgeräten	Anhang I, Vorbemerkung 3; Anhang I Abs. 1.1, 2.1, 2.3 und 2.8	E-03
Experimentelle Auslegungsmethode; Korrosionszuschlag	Anhang I Abschnitte 2.1 und 2.2.4	E-05
Grundlegende Sicherheitsanforderung; Möglichkeit, zwischen dem Einsatz eines Ausrüstungsteils mit Sicherheitsfunktion oder Überwachungsgerätes zu wählen?	Artikel 2 Abs. 4; Anhang I Abschnitte 2.10 und 2.11	E-06
Grenzwerte für Komponenten	Anhang I Abschnitt 2.2.2	E-07
Konzepte von Ausrüstungsteilen mit Sicherheitsfunktion	Anhang A Abschnitt 2.11.1	E-08
Dauer der kurzzeitigen Drucküberschreitung	Anhang I Abschnitt 2.11.2	E-09
6 Interpretation der grundlegenden Sicherheitsanforderungen bezüglich der Herstellung		
Dauerhafte Werkstoffverbindungen	Anhang I Abschnitt 3.1.2	F-01
Technische Dokumente	Anhang I Abschnitt 3.2.1	F-02

Themenbereich	Leitlinie	
	zu RL 2014/68/EU	Nummer
Qualitätsanforderungen für Formverfahren	Anhang I Abschnitte 3.1.1 und 3.1.2	F-03
Arbeitsverfahren für dauerhafte Werkstoffverbindungen	Anhang I Abschnitt 3.1.2	F-04
Andere dauerhafte Verbindungen als Schweißen (z. B. Löten, Einwalzen)	Anhang I Abschnitte 3.1.2 und 3.1.3	F-05
Zulassung von Personal für die Durchführung der dauerhaften Verbindungen, wenn es keine harmonisierten Normen gibt	Artikel 1 Abs. 2.8; Anhang I Abschnitt 3.1.2	F-06
Sichtprüfungen bei zerstörungsfreien Prüfungen	Anhang I Abschnitt 3.1.3	F-07
Harmonisierte Normen; Zulassung von Verfahren für dauerhafte Verbindungen und von Personal	Anhang I Abschnitt 3.1.2	F-08
Akkreditierung des Prüflabors des Herstellers für zerstörungsfreie oder zerstörende Prüfungen	Anhang I Abschnitte 3.1.1, 3.1.2, 3.1.3 und 7.2	F-09
Zulassung von Verfahren für die Durchführung der dauerhaften Verbindungen, wenn es keine harmonisierten Normen gibt	Artikel 2 Abs. 13; Anhang I Abschnitt 3.1.2	F-11
Zulassung von Schweißverfahren und Personal; was bedeutet gleichwertige Untersuchungen und Prüfungen?	Anhang I Abschnitt 3.1.2	F-12
Anerkennung von ZfP-Personal durch anerkannte unabhängige Prüfstellen	Artikel 27; Anhang I Abschnitt 3.1.3	F-13
Drucktragende Teile, Anforderungen an die Qualifikation des Schweißverfahrens und der Schweißer	Anhang I Abschnitte 3.1.1 und 3.1.2	F-14
Vorübergehende – nur während des Herstellungsprozesses – eingesetzte Bauteile am Druckgerät	Anhang I Abschnitte 3.1.2 und 3.2.2	F-16
Lösbare Verbindungselemente	Anhang I Abschnitt 3.2.2	F-17

Themenbereich	Leitlinie	
	zu RL 2014/68/EU	Nummer
7 Interpretation der grundlegenden Sicherheitsanforderungen bezüglich des Werkstoffes		
Harmonisierte Norm; Werkstoffe	Anhang I Abschnitt 4.2 b)	G-01
Qualitätsmanagementsysteme von Werkstoffherstellern	Anhang I Abschnitt 4.3, dritter Absatz	G-02
Geeignete Mittel für die Rückverfolgbarkeit	Anhang I Abschnitt 3.1.5	G-04
Bescheinigungen für Werkstoffe	Anhang I Abschnitt 4.3	G-05
Drucktragende Teile	Anhang I Abschnitt 4.3	G-06
Spezifische Bewertung von Werkstoffen	Anhang I Abschnitt 4.3	G-07
Bescheinigungen für drucktragende Verschraubungen	Anhang I Abschnitt 4	G-08
Herstellung eines Werkstoffes nach einer Norm	Anhang I Abschnitt 4	G-09
Dokumentation und Rückverfolgbarkeit von Schweißzusatzwerkstoffen	Anhang I Abschnitte 3.1.2, 3.1.5, 4.1, 4.2(a) und 4.3 erster Absatz	G-10
Kunststoffe oder andere nichtmetallische Werkstoffe	Anhang I	G-11
Müssen Schweißzusatzwerkstoffe harmonisierten Normen entsprechen?	Anhang I Abschnitt 4	G-12
Was bedeutet „*falls zutreffend*“ bei Anhang I Abschnitt 4.1a?	Anhang I Abschnitte 4.1 a und 7.5	G-13
Feinkornstahl; Ausnahme im Abschnitt 7.1.2 des Anhanges I	Anhang I Abschnitt 7.1.2	G-14
Zusätzliche Anforderungen oder verbesserte Eigenschaften gegenüber harmonisierten EN-Werkstoffen	Anhang I Abschnitt 4.2 b)	G-15
Zertifiziertes Qualitätsmanagementsystem eines Werkstoffherstellers	Anhang I Abschnitt 4.3	G-16

Themenbereich	Leitlinie zu RL 2014/68/EU	Nummer
Festigkeitseigenschaften einer Stahlsorte für drucktragende Teile	Anhang I Abschnitte 4.1 a und 7.5; Anhang I Vorbemerkung 3	G-17
Gelten die grundlegenden Sicherheitsanforderungen für Werkstoffe für den Grundwerkstoff oder für das Druckgerät?	Anhang I Abschnitte 4.1 und 7.5	G-18
Anforderungen an Bauteile wie gewölbte Böden, Bolzen, Flansche, geschweißte Röhren usw.	Artikel 2 Abs. 1; Anhang I Abschnitte 3.1, 4.3 und 7.2	G-19
Einzelgutachten für Werkstoffe – Verantwortlichkeiten	Artikel 15; Anhang I Abschnitt 4.2b)	G-21
Definition von „anderen Werten“ oder „anderen Kriterien“	Anhang I Abschnitte 4.1 und 7.5	G-22
Anforderungen an Dichtungswerkstoffe	Anhang I Abschnitt 4	G-23
Werkstoffbescheinigungen	Anhang I Abschnitte 2.2.3 und 4.3	G-24
Was sind geschweißte Rohre im Sinne der DGRL?	Anhang I Abschnitte 3.1.2, 3.1.3 und 4.3	G-25
Kriterien für Europäische Werkstoffzulassung (EAM)	Artikel 2 Abs. 14; Artikel 15	G-26
Anforderungen an die technische Dokumentation in Verbindung mit 3.1-Zeugnissen	Anhang I Abschnitt 4.3	G-27
Umsetzung der Kerbschlaganforderungen bei Grundwerkstoffelementen mit kleinem Ausmaß	Anhang I Abschnitt 7.5	G-28
Ergänzung von Prüfzeugnissen	Anhang I Abschnitte 3.2.1 und 4.3	G-29
Werkstoffbescheinigungen gemäß EN 10204 – wer darf diese ausstellen?	Anhang I Abschnitt 4.3	G-30

Themenbereich	Leitlinie	
	zu RL 2014/68/EU	**Nummer**
8 Interpretation von anderen grundlegenden Sicherheitsanforderungen		
Druckprüfung	Anhang I Abschnitte 3.2.2 und 7.4	H-02
Sicherheitsinformationen	Anhang I Abschnitte 3.3 und 3.4	H-03
Nachweis des gleichwertigen Gesamtsicherheitsniveaus bei Anhang I Abschnitt 7	Anhang I Abschnitt 7	H-06
Bedingungen für die Festlegung des maximal zulässigen Drucks PS	Artikel 2 Abs. 7; Artikel 2 Abs. 8; Anhang I Abschnitte 1.1, 1.3 und 2.2.1	H-07
Angabe von Fabrikationsnummern bei Losen oder Serien	Anhang I Abschnitt 3.3 (a)	H-09
Angabe des Herstellungsjahres bei Schnellkochtöpfen	Artikel 4 Abs. 1 (b); Anhang I Abschnitt 3.3	H-10
Wesentliche obere/untere Grenzwerte	Anhang I Abschnitt 3.3	H-12
CE-Kennzeichnung von kleinen Druckgeräten	Anhang I Abschnitt 3.3 und Anhang VI	H-13
Druckprüfung von Sicherheitsventilen	Anhang I Abschnitt 3.2.2	H-14
Auslegung der grundlegenden Sicherheitsanforderungen an den Betrieb von Kesselanlagen zur Erzeugung von Dampf oder überhitztem Wasser ohne kontinuierliche Überwachung	Anhang I Abschnitte 1.1, 1.2, 1.3, 2.9, 2.10, 2.11, 3.4 und 5	H-15
Ersatz der hydrostatischen Druckprüfung	Anhang I Abschnitte 3.2.2 und 7.4	H-16
Kennzeichnung und Etikettierung auf einem Aufkleber	Artikel 19 Abs. 1; Anhang I Abschnitt 3.3	H-17
Kennzeichnung über Druck und Temperatur an Pressluftflaschen	Anhang I Abschnitt 3.3	H-18

Themenbereich	Leitlinie	
	zu RL 2014/68/EU	Nummer
Kennzeichnung von (nachrüstbaren) Bauteilen an Druckgeräten im Konsumgüterbereich	Artikel 19 Abs. 1; Anhang I Abschnitte 3.3 und 3.4	H-19
9 Verschiedenes		
Gute Ingenieurpraxis	Artikel 4 Abs. 3	I-01
Sichere Werkstoffe vor dem 29. November 1999	Artikel 15 Abs. 1	I-02
Zulassung von Werkstoffherstellern bei der europäischen Werkstoffzulassung	Artikel 15 Abs. 1	I-03
Europäische Werkstoffzulassung für „Werkstoffe, deren Verwendung vor dem 29. November 1999 als sicher befunden wurde“	Artikel 15 Abs. 1	I-04
Verwendung von technischen Dokumenten, um die DGRL zu erfüllen	Artikel 12	I-05
Anwendung von technischen Dokumenten	Artikel 12	I-06
Wann dürfen Ausrüstungsteile mit Sicherheitsfunktion ohne CE-Kennzeichnung auf den Markt gebracht werden?	Artikel 2 (s); Artikel 4 Abs. 1 (d) und Abs. 3	I-07
CE-Kennzeichnung von Rohrleitungen	Artikel 19 Abs. 2; Artikel 4 Abs. 1 (c); Anhang I Abschnitt 3.3 (c)	I-08
Gute Ingenieurpraxis; Anwendung von EN-Normen	Artikel 4 Abs. 3	I-09
Werkstoffbeurteilung bei der Anwendung der Module B Baumuster und Entwurfsmuster	Anhang I Abschnitt 4.2 b, 3. Gedankenstrich; Anhang III Modul B Baumuster, Nr. 4.1 1. Gedankenstrich und Modul B Entwurfsmuster, Nr. 4.1, 1. Gedankenstrich	I-10
Erstellung eines Einzelgutachtens für Werkstoffe	Anhang I Abschnitt 4.2 b 3. Gedankenstrich	I-11

Themenbereich	Leitlinie	
	zu RL 2014/68/EU	Nummer
Werkstoffe für Produkte, die Artikel 4 Abs. 3 unterliegen	Artikel 4 Abs. 3, Anhang I Abschnitt 4	I-12
Formale Anforderungen für Einzelgutachten	Anhang I Abschnitt 4.2 b 3. Gedankenstrich und Anhang I Abschnitt 4.2 c)	I-13
Einzelgutachten zu Werkstoffen durch eine Betreiberprüfstelle	Artikel 16 Abs. 1; Anhang I Abschnitt 4.2 c)	I-14
Tätigwerden einer Betreiberprüfstelle in einem Mitgliedstaat, wenn dieser Artikel 16 nicht umgesetzt hat	Artikel 16	I-15
Beifügung einer Konformitätserklärung bei CE gekennzeichneten Druckgeräten/Baugruppen	Artikel 5 Abs. 1 und Abs. 2; Artikel 6; Artikel 7; Artikel 8; Artikel 17; Anhang III Module A, A2, C2, D, D1, E, E1, F, G, H, H1; Anhang IV	I-16
Erfüllung der guten Ingenieurpraxis von Herstellern außerhalb des Europäischen Wirtschaftsraumes	Artikel 4 Abs. 3	I-17
Handelshemmnisse durch nationale Vorschriften	Artikel 5 Abs. 1 und Abs. 2	I-18
Mitlieferungen von Informationen zur Übereinstimmung der guten Ingenieurpraxis	Artikel 4 Abs. 3 und Artikel 5 Abs. 1	I-19
Sind zusätzliche nationale Anforderungen an den Betrieb von Dampf- und Heißwassererzeugern zu stellen, wenn diese Geräte für nicht kontinuierliche Überwachung Inverkehr gebracht worden sind?	Artikel 3 Abs. 2; Artikel 5 Abs. 1 und Abs. 2; Anhang I Abschnitte 2.3, 2.10 b und 2.11.1	I-20
Wer ist zuständig für die Übersetzung der von der Richtlinie geforderten Informationen?	Artikel 5 Abs. 3; Artikel 6 Abs. 7; Artikel 8 Abs. 4; Artikel 9 Abs. 2; Anhang I Abschnitte 3.1, 3.3 und 3.4	I-21

Themenbereich	**Leitlinie**	
	zu RL 2014/68/EU	**Nummer**
In welcher Sprache muss die Konformitätserklärung abgefasst sein?	Artikel 17 Abs. 2 und Anhang IV	I-22
Welche Aspekte dürfen bei den Prüfungen vor Inbetriebnahme nach innerstaatlichem Recht nicht bewertet werden, wenn die Produkte in den Anwendungsbereich der DGRL fallen?	Artikel 5 Abs. 1 und Abs. 2; Artikel 17	I-23
Zusätzliche nationale Anforderungen an Druckgeräte, die explosionsgefährliche/entzündliche Fluide enthalten	Artikel 1; Artikel 3 Abs. 2; Artikel 4; Artikel 5 Abs. 1 und Abs. 2; Artikel 17	I-24
10 Horizontale Fragen		
Anwendung der Richtlinie für den Import von gebrauchten Druckgeräten in den Europäischen Wirtschaftsraum	Allgemeine Querschnittsthemen	J-01
Konformitätserklärung	Anhang IV	J-06
Konformitätserklärung; Informationen zu Baugruppen	Anhang IV	J-08

5 Stationen in der Anwendung der Druckgeräterichtlinie

In Bild 2 ist schematisch eine Abfolge eines Projektes mit den zu beachtenden Merkmalen der Druckgeräterichtlinie dargestellt.

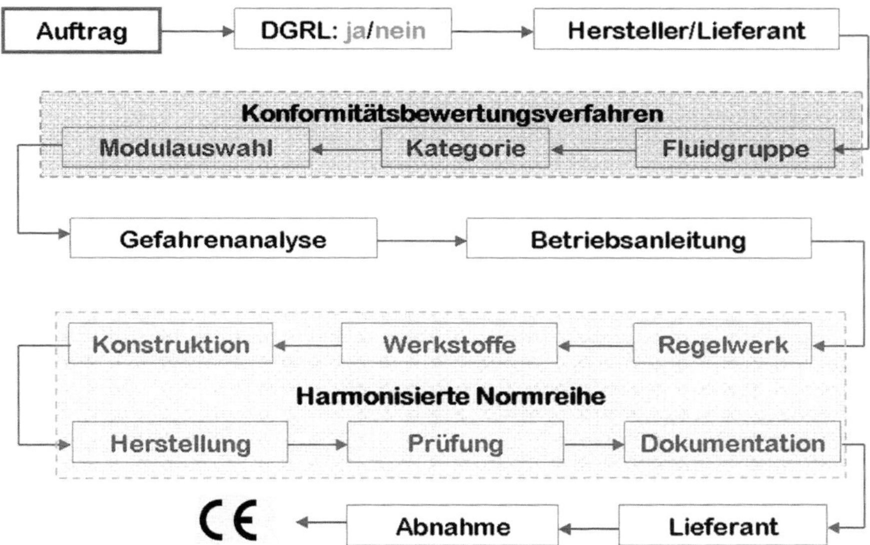

Bild 2: Auftragsflussdiagramm

Bei einem Auftrag über ein zu lieferndes Druckgerät sind bereits im Vorfeld der Angebotsbearbeitung grundlegende Fakten zu klären:

- wird es in (auch nach) Europa in Verkehr gebracht und unterliegt das Produkt der Europäischen Druckgeräterichtlinie?
- tritt das Unternehmen als der Hersteller des Druckgerätes im Sinne der Europäischen Richtlinie auf oder ist er für einen anderen Hersteller lediglich der Fertigungsbetrieb (Fertiger)?

Sollten beide Fragen positiv beantwortet sein, ist vom Hersteller zu prüfen, wie das Druckgerät in die zutreffende Kategorie der Druckgeräterichtlinie einsortiert wird. Hierzu ist Kenntnis über das Medium (in der Richtlinie als Fluid bezeichnet) und seinen Aggregatzustand bei der maximal zulässigen Temperatur erforderlich. Aus der Einstufung in eine der Kategorien I bis IV hat der Hersteller dann die Möglichkeit, ein Modul bzw. eine Modulkombination auszuwählen.

Zu beachten ist, dass die Druckgeräterichtlinie für Rohrleitungen nur die Kategorien I bis III vorsieht. Gegenüber der alten Arbeitsweise nach Druckbehälterverordnung (vor dem Jahr 2002) sind neu nach Druckgeräterichtlinie die (schriftliche) Gefahrenanalyse und die Betriebsanleitung. Die Konzeption, die Auswahl der Werkstoffe, die Berechnung, die Fertigung und Prüfung kann entweder nach nationalen Vorschriften wie dem AD 2000-Regelwerk oder nach harmonisierten Europäischen Normen erfolgen.

In den nachfolgenden Abschnitten dieses Buches werden Bezug nehmend auf dieses Auftragsflussdiagramm die spezifischen Merkmale dieser Einzelschritte beschrieben und erörtert.

6 Geltungsbereich Druckgeräterichtlinie: ja/nein

Bei der Bearbeitung von Anfragen, Angeboten und Aufträgen ist zu prüfen, ob der Lieferumfang unter den Geltungsbereich der Druckgeräterichtlinie fällt. Entscheidend ist, ob der maximal zulässige Druck mehr als 0,5 bar beträgt oder von der Druckgeräterichtlinie ausgenommen ist (Artikel 1, Abschnitt 2 der RL 2014/68/EU).

Die Ausschlüsse nach **2014/68/EU** sind identisch wie in der RL 97/23/EU beschrieben, hier fanden lediglich eine Anpassung an die gültige Betitelung und der Verweise auf bestehende Richtlinien statt:

> „a) Fernleitungen aus einem Rohr oder einem Rohrsystem für die Durchleitung von Fluiden oder Stoffen zu oder von einer (Offshore- oder Onshore-)Anlage ab einschließlich der letzten Absperrvorrichtung im Bereich der Anlage, einschließlich aller Nebenausrüstungen, die speziell für diese Leitungen ausgelegt sind; dieser Ausschluss erstreckt sich nicht auf Standarddruckgeräte, wie z. B. Druckgeräte, die sich in Druckregelstationen und in Kompressorstationen finden können;
>
> b) Netze für die Versorgung, die Verteilung und den Abfluss von Wasser und ihre Geräte sowie Triebwasserwege in Wasserkraftanlagen wie Druckrohre, -stollen und -schächte sowie die betreffenden Ausrüstungsteile;
>
> c) einfache Druckbehälter gemäß der Richtlinie 2014/29/EU des Europäischen Parlaments und des Rates;
>
> d) Aerosolpackungen gemäß der Richtlinie 75/324/EWG des Rates;
>
> e) Geräte, die zum Betrieb von Fahrzeugen vorgesehen sind, welche durch die folgenden Rechtsakte definiert sind:
>
> i) Richtlinie 2007/46/EG (RL zur Schaffung eines Rahmens für die Genehmigung von Kraftfahrzeugen und Kraftfahrzeuganhängern sowie von Systemen, Bauteilen und selbstständigen technischen Einheiten für diese Fahrzeuge des Europäischen Parlaments und des Rates);
>
> ii) Verordnung (EU) Nr. 167/2013 (VO zur Genehmigung und Marktüberwachung von land- und forstwirtschaftlichen Fahrzeugen) des Europäischen Parlaments und des Rates;
>
> iii) Verordnung (EU) Nr. 168/2013 (VO über die Genehmigung und Marktüberwachung von zwei- oder dreirädrigen und vierrädrigen Fahrzeugen) des Europäischen Parlaments und des Rates;

f) Geräte, die nach Artikel 13 dieser Richtlinie höchstens unter die Kategorie I fallen würden und die von einer der folgenden Richtlinien erfasst werden:

   i) Richtlinie 2006/42/EG (RL über Maschinen und zur Änderung der Richtlinie 95/16/EG) des Europäischen Parlaments und des Rates;

   ii) Richtlinie 2014/33/EU (RL zur Harmonisierung der Rechtsvorschriften der Mitgliedstaaten über Aufzüge und Sicherheitsbauteile für Aufzüge) des Europäischen Parlaments und des Rates);

   iii) Richtlinie 2014/35/EU (RL zur Harmonisierung der Rechtsvorschriften der Mitgliedstaaten betreffend die Bereitstellung elektrischer Betriebsmittel zur Verwendung innerhalb bestimmter Spannungsgrenzen) des Europäischen Parlaments und des Rates;

   iv) Richtlinie 93/42/EWG (RL über Medizinprodukte) des Rates;

   v) Richtlinie 2009/142/EG (RL über Gasverbrauchseinrichtungen) des Europäischen Parlaments und des Rates;

   vi) Richtlinie 2014/34/EU (RL zur Harmonisierung der Rechtsvorschriften der Mitgliedstaaten für Geräte und Schutzsysteme zur bestimmungsgemäßen Verwendung in explosionsgefährdeten Bereichen) des Europäischen Parlaments und des Rates;

g) Geräte gemäß Artikel 346 Absatz 1 Buchstabe b AEUV (Vertrag über die Arbeitsweise der Europäischen Union; ‚Die Vorschriften der Verträge stehen folgenden Bestimmungen nicht entgegen: ... jeder Mitgliedstaat kann die Maßnahmen ergreifen, die seines Erachtens für die Wahrung seiner wesentlichen Sicherheitsinteressen erforderlich sind, soweit sie die Erzeugung von Waffen, Munition und Kriegsmaterial oder den Handel damit betreffen; diese Maßnahmen dürfen auf dem Binnenmarkt die Wettbewerbsbedingungen hinsichtlich der nicht eigens für militärische Zwecke bestimmten Waren nicht beeinträchtigen.‘);

h) Geräte, die speziell zur Verwendung in kerntechnischen Anlagen entwickelt wurden und deren Ausfall zu einer Freisetzung von Radioaktivität führen kann;

i) Bohrlochkontrollgeräte, die für die industrielle Exploration und Gewinnung von Erdöl, Erdgas oder Erdwärme sowie für Untertagespeicher verwendet werden und dazu bestimmt sind, den Bohrlochdruck zu halten und/oder zu regeln; hierzu zählen der Bohrlochkopf (Eruptionskreuz), die Blowout-Preventer (BOP), die Leitungen und Verteilersysteme sowie die jeweils davor befindlichen Geräte;

j) Geräte mit Gehäusen und Teilen von Maschinen, bei denen die Abmessungen, die Wahl der Werkstoffe und die Bauvorschriften in erster Linie auf Anforderungen an ausreichende Festigkeit, Formsteifigkeit und Stabilität gegenüber statischen und dynamischen Betriebsbeanspruchungen oder auf anderen funktionsbezogenen Kriterien beruhen und bei denen der Druck keinen wesentlichen Faktor für die Konstruktion darstellt; zu diesen Geräten können zählen:
   i) Motoren, einschließlich Turbinen und Motoren mit innerer Verbrennung;
   ii) Dampfmaschinen, Gas- oder Dampfturbinen, Turbogeneratoren, Verdichter, Pumpen und Stelleinrichtungen;

k) Hochöfen mit Ofenkühlung, Rekuperativ-Winderhitzern, Staubabscheidern und Gichtgasreinigungsanlagen, Direktreduktionsschachtöfen mit Ofenkühlung, Gasumsetzern und Pfannen zum Schmelzen, Umschmelzen, Entgasen und Vergießen von Stahl, Eisen und Nichteisenmetallen;

l) Gehäuse für elektrische Hochspannungsbetriebsmittel wie Schaltgeräte, Steuer- und Regelgeräte, Transformatoren und umlaufende Maschinen;

m) unter Druck stehende Gehäuse für die Ummantelung von Komponenten von Übertragungssystemen, wie z. B. Elektro- und Telefonkabel;

n) Schiffe, Raketen, Luftfahrzeuge oder bewegliche Offshore-Anlagen sowie Geräte, die speziell für den Einbau in diese oder zu deren Antrieb bestimmt sind;

o) Druckgeräte, die aus einer flexiblen Umhüllung bestehen, z. B. Luftreifen, Luftkissen, Spielbälle, aufblasbare Boote und andere ähnliche Druckgeräte;

p) Auspuff- und Ansaugschalldämpfer;

q) Flaschen und Dosen für kohlensäurehaltige Getränke, die für den Endverbrauch bestimmt sind;

r) Behälter für den Transport und den Vertrieb von Getränken mit einem Produkt PS V von bis zu 500 bar L und einem maximal zulässigen Druck von bis zu 7 bar;

s) von der Richtlinie 2008/68/EG und der Richtlinie 2010/35/EU sowie vom Internationalen Code für die Beförderung gefährlicher Güter mit Seeschiffen und vom Abkommen über die Internationale Zivilluftfahrt erfasste Geräte;

t) Heizkörper und Rohrleitungen in Warmwasserheizsystemen;

u) Behälter für Flüssigkeiten mit einem Gasdruck über der Flüssigkeit von höchstens 0,5 bar."

Diese Ausschlüsse sind auch in der Norm DIN EN 13480 „Metallische industrielle Rohrleitungen" im Teil 1 im Abschnitt 1.3 aufgeführt [6].

Die Klärung der Fragen:

- Was fällt unter Reparaturen?
- Was ist ein vollständiger Austausch?
- Was ist eine erhebliche Änderung an einer bestehenden Rohrleitung?

sind wichtige Punkte der Beurteilung, ob der anstehende Auftrag unter die Druckgeräterichtlinie fällt. Diese Fragestellungen sollen durch zwei Leitlinien (A-03 und A-04) geklärt werden. Leider ist die Aussage hierzu auch nicht ganz eindeutig. Für die Klärung „Reparatur/Austausch" empfiehlt sich daher immer, mit dem Betreiber und der von ihm beauftragten **Z**ugelassenen **Ü**berwachungs**s**telle (ZÜS nach Betriebssicherheitsverordnung) die Anwendung der Druckgeräterichtlinie vor der Angebotsabgabe bzw. Vertragsunterzeichnung zu klären.

Leitlinie A-03

Artikel 1, Anhang I, Abschnitt 3.4

Frage: Fallen Ersatz, Reparaturen oder Änderungen von in Gebrauch befindlichen Druckgeräten unter den Anwendungsbereich dieser Richtlinie?

Antwort:

1) Vollständiger Austausch: Der vollständige Ersatz eines Druckgerätes durch ein neues fällt unter den Anwendungsbereich der DGRL.
2) Reparaturen fallen nicht unter den Anwendungsbereich der DGRL, sondern unter den Anwendungsbereich nationaler Vorschriften (soweit vorhanden).
3) Druckgeräte, an denen erhebliche Änderungen vorgenommen worden sind, die deren ursprüngliche Leistung, Zweck bzw. Art nach ihrer Inbetriebnahme verändern, sind als neues Erzeugnis anzusehen, das in den Geltungsbereich der Richtlinie fällt. *Dies ist von Fall zu Fall zu bewerten.*

Anmerkung 1:

Eine Betriebsanleitung im Sinne der DGRL (siehe Leitlinie H-03) umfasst Unterlagen, die den sicheren Betrieb einschließlich der Wartung betreffen, aber nicht unbedingt detaillierte Informationen über Reparaturen oder Änderungen der Geräte (z.B. Werkstoffbescheinigungen oder die genaue Beschreibung des Schweißverfahrens). Diese Angaben können in einer speziellen vertraglichen Vereinbarung zwischen Hersteller und Benutzer vorgesehen werden.

Anmerkung 2:

Die Richtlinie bezieht sich auf das erstmalige Inverkehrbringen und die Inbetriebnahme. Siehe „Blue Guide, Kapitel 2.1“

Akzeptiert von der Arbeitsgruppe Leitlinien am: 30. Juni 2016

Akzeptiert von der Arbeitsgruppe „Druck“ am: 8. Januar 2016

Bild 3: Leitlinie A-03 zur RL 2014/68/EU

Leitlinie A-04

Artikel 2 Paragraph 3

Frage: Wann wird eine Änderung an einem Rohrsystem nicht von der DGRL abgedeckt?

Antwort: Wenn Inhalt, Hauptzweck und Sicherheitssysteme im Wesentlichen dieselben bleiben, kann dies als unerhebliche Änderung eines vorhandenen Rohrleitungssystems angesehen werden und fällt daher nicht unter die DGRL.

Begründung: Siehe Leitlinie A-03

Akzeptiert von der Arbeitsgruppe Leitlinien am: 30. Juni 2016

Akzeptiert von der Arbeitsgruppe „Druck“ am: 8. Januar 2016

Bild 4: Leitlinie A-04 zur RL 2014/68/EU

Der Artikel 1 der Richtlinie 2014/68/EU grenzt den Geltungsbereich unter Absatz (1) unter dem Merkmal „maximal zulässigen Druck von mehr als 0,5 bar“ und im Folgenden in Artikel 4 weiter ein.

Die Druckgeräterichtlinie teilt unter Druck stehende Druckgeräte abhängig vom Gefährdungspotential in verschiedene Kategorien ein. Neben dem „Überdruck“ spielt dabei auch noch die Art des Stoffes eine Rolle, ob er kompressibel oder nicht komprimierbar ist, also ob es sich um ein Gas oder eine Flüssigkeit handelt. Gase sind komprimierbar und insofern hinsichtlich der gespeicherten Energie in Bezug auf mögliche Auswirkungen beim Bersten als kritischer anzusehen als eine Flüssigkeit.

Innerhalb dieser beiden Aggregatzustände wird dann betrachtet, welche Gefährlichkeit von diesem Stoff in dem Druckgerät ausgeht. Die Druckgeräterichtlinie teilt alle Stoffe in die Fluidgruppen 1 und 2 ein; Fluidgruppe 1 umfasst dabei die „gefährlichen“ Stoffe, Fluidgruppe 2 enthält alle die Stoffe, die nicht in Fluidgruppe 1 eingeordnet werden.

Die Einteilung für Rohrleitungen, die unter RL 2014/68/EU Artikel 4 fallen, ist definiert:

a) Gase, verflüssigte Gase, unter Druck gelöste Gase, Dämpfe und diejenigen Flüssigkeiten, deren Dampfdruck bei der zulässigen maximalen Temperatur um mehr als 0,5 bar über dem normalen Atmosphärendruck (1 013 mbar) liegt, innerhalb nachstehender Grenzwerte:

- bei Fluiden der Gruppe 1, wenn deren DN größer als 25 ist (Anhang II, Diagramm 6);
- bei Fluiden der Gruppe 2, wenn deren DN größer als 32 und das Produkt PS × DN größer als 1 000 bar ist (Anhang II, Diagramm 7);

b) Flüssigkeiten, deren Dampfdruck bei der zulässigen maximalen Temperatur um höchstens 0,5 bar über dem normalen Atmosphärendruck (1 013 mbar) liegt, innerhalb nachstehender Grenzwerte:
   - bei Fluiden der Gruppe 1, wenn deren DN größer als 25 und das Produkt PS × DN größer als 2 000 bar ist (Anhang II, Diagramm 8);
   - bei Fluiden der Gruppe 2, wenn der Druck PS größer als 10 bar und DN größer als 200 und das Produkt PS × DN größer als 5 000 bar ist (Anhang II, Diagramm 9).

„PS" gibt dabei den vom Hersteller der Rohrleitung höchsten Druck an, für den er die Rohrleitung ausgelegt hat. „DN" gibt dabei die numerische Größenbezeichnung der Rohrleitung an, bei dünnwandigen Rohrleitungen wird in der Regel der Rohraußendurchmesser als Normzahlreihe angegeben, bei sehr dickwandigen Rohrleitungen wird der Innendurchmesser hierfür eingesetzt.

DN 25 entspricht einem Rohraußendurchmesser von 33,7 mm, DN 32 dem von 42,4 mm, basierend auf ISO 6708 und DIN EN 10220.

Wie und mit welchen Hilfsmitteln die oben beschriebene Eingruppierung vorgenommen werden kann, wird später noch erläutert.

7 Rohrleitung im Sinne der Druckgeräterichtlinie

Als Rohrleitung im Sinne der Druckgeräterichtlinie ist ein Rohrleitungssystem mit gleichen Auslegungsdaten zu verstehen. Bei einer Abgrenzung sollte großzügig herangegangen werden, damit der Aufwand der Konformitätsbewertung für jeden Rohrleitungsabschnitt nicht zu hoch wird. Bei Kraftwerksrohrleitungen kann hierzu die 3-stellige KKS-Systembezeichnung (LAB, LBA usw.) zu Grunde gelegt werden. Mit dem Kraftwerk-Kennzeichensystem „KKS" werden Anlagen, Anlagenteile und Geräte aller Kraftwerksarten nach Aufgabe, Art und Ort gekennzeichnet. Es wird von allen Fachbereichen für die Planung, Genehmigung, Errichtung, Betrieb und Instandhaltung angewendet.

Die einzelnen druckbeaufschlagten Einzelteile einer Rohrleitung, wie z.B. Rohre, Bögen, Flansche, Formstücke, müssen den sicherheitstechnischen Anforderungen der Druckgeräterichtlinie genügen, ohne dass sie selbst gesonderte Druckgeräte sind.

Zu der Rohrleitung selbst zählen aber auch darin verbaute druckhaltende Ausrüstungsteile wie Absperrarmaturen, Manometer und Kondensatableiter.

„Sicherheitstechnische Anforderungen" heißt, dass die Anforderungen des Anhanges I der Druckgeräterichtlinie müssen erfüllt werden. Dies ist gegeben, wenn der Werkstoff für die vorhersehbaren Betriebsbedingungen und die Prüfbedingungen ein ausreichend hohes Verformungsvermögen und hohe Zähigkeit besitzt. Ein Stahl gilt als ausreichend zäh, wenn die Bruchdehnung im Zugversuch mindestens 14 % und die Kerbschlagarbeit an einer ISO-V-Probe bei einer Temperatur von höchstens 20 °C, jedoch höchstens bei der vorgesehenen tiefsten Betriebstemperatur mindestens 27 J beträgt. Weiterhin müssen die Werkstoffe gegen die in der Rohrleitung geführten Stoffe in ausreichendem Maße chemisch beständig sein. Die für die Betriebssicherheit erforderlichen chemischen und physikalischen Eigenschaften des Werkstoffs dürfen während der vorgesehenen Lebensdauer nicht wesentlich beeinträchtigt werden.

Die Halbzeuge selbst dürfen auch keine CE-Kennzeichnung gemäß Druckgeräterichtlinie tragen. Erst durch die Bearbeitung, das Fügen oder den Einbau werden diese Teile zum Bestandteil des Druckgerätes.

Das Rohrleitungssystem kann umfassen:

- Einzelteile (Halbzeuge) ohne CE-Kennzeichnung (z.B. Rohre, Bögen, Formstücke, Flansche, Schrauben, Muttern, Dichtungen),
- Druckgeräte mit gesonderter CE-Kennzeichnung (z.B. Kompensatoren nach DIN EN 14917),

- Ausrüstungsteile mit Sicherheitsfunktion, die eine gesonderte CE-Kennzeichnung tragen (z. B. Sicherheitsventile),
- sonstige Komponenten, die nicht druckbeaufschlagt, aber für den sicheren Betrieb der Rohrleitung unerlässlich sind (z. B. Rohrhalterungen).

Zur Rohrleitung gehören auch Anschweißungen und andere unlösbar angebrachte Teile wie angeschweißte Rohrhalterungen, Halterungsnocken als Tragkonstruktion der Dämmung, Nocken für Gefällemessung, Aufschweißstutzen für Druck- und Temperaturmessung, Transportbefestigungen, Transportösen und angeschweißte Schilderhalter und integrale Halterungsanschlüsse an Schmiedestücken.

Ein Rohrleitungssystem ist definiert durch ein Fluid (Medium) mit einem bestimmten Druck und einer zulässigen Temperatur, das für den vorgegebenen Verwendungszweck vorgesehen ist. Es beginnt, endet und wird unterbrochen

- am Stutzen oder hinter der Absperrarmatur eines Ausrüstungsteils (z. B. Pumpe, Turbine),
- am Stutzen oder hinter der Absperrarmatur eines Druckbehälters,
- vor oder hinter einer Druckreduzierung, gegebenenfalls kombiniert mit einer Temperaturreduzierung (z. B. an einer Umleitstation, Sicherheitsventil oder Kondensatableiter).

8 Hersteller, Fertiger (Bevollmächtigter, Einführer, Importeur, Händler)

Für eine Anfrage/einen Auftrag ist im Vorfeld mit dem Auftraggeber zu klären, ob das beauftragte Unternehmen als Hersteller im Sinne der Druckgeräterichtlinie oder als Fertiger (Errichter) für einen Hersteller auftritt. Die Definition des Herstellers ist vor dem Hintergrund der Druckgeräterichtlinie ein gänzlich anderer, als er im üblichen Sinn zu verstehen ist. Ein Hersteller im althergebrachten Sinn war immer ein Produktions- bzw. Fertigungsbetrieb.

Neben diesen beiden Begriffen tauchen auch die Bezeichnungen Bevollmächtigter, Einführer, Importeur und Händler auf. Die Begrifflichkeiten sind u. a. im „Leitfaden für die Umsetzung der nach dem neuen Konzept und dem Gesamtkonzept verfassten Richtlinien (Blue Guide)“ [2] beschrieben.

Die Begriffe Bevollmächtigter, Einführer, Importeur und Händler waren in der RL 97/23/EG nicht erläutert. Erst mit der RL 2014/68/EU wurden die Anforderungen und Pflichten für diese „Akteure“ einheitlich präzisiert (Erwägungsgründe 17 bis 27).

In der Druckgeräterichtlinie wird als **Hersteller** derjenige bezeichnet, der die Verantwortung für den Entwurf und die Herstellung eines Produktes trägt. Er ist für die Durchführung der Konformitätsbewertung verantwortlich und bringt, soweit erforderlich, das CE-Kennzeichen an. Die RL 2014/68/EU definiert die Pflichten des Herstellers in Artikel 6. Er erstellt auch die Gefahren- und Risikoanalyse und die Betriebsanleitung für das Druckgerät. Der Hersteller kann einzelne Teile der Wertschöpfung wie Berechnung, Konstruktion oder Schweißen an einen (Unter-)Lieferanten vergeben. Dabei behält er jedoch immer die Oberaufsicht und die Verantwortung. Hersteller ist weiterhin der, welcher dieses Druckgerät oder diese Baugruppe unter seinem eigenen Namen oder seiner eigenen Handelsmarke vermarktet oder für eigene Zwecke verwendet. Gerade die Verwendung auch für eigene Zwecke ist eine Neuerung im Geltungsbereich der RL 2014/68/EU.

Die Norm EN 13480-1 definiert den Hersteller unter Abschnitt 3.1.4 als eine Person oder Organisation, die die volle Verantwortung für die Konstruktion und Herstellung des Rohrleitungssystems sowie für die Übereinstimmung mit EN 13480 trägt. Dieser Hersteller ist verantwortlich für die Durchführung aller einschlägigen Fertigungsprozesse (Schweißen, Umformen, Wärmebehandeln) und Prüfungen, die in den zutreffenden Normen festgelegt sind. Falls der Hersteller bestimmte Aufgaben an Unterauftragnehmer (auch als Fertiger oder

Errichter bezeichnet) vergibt, trägt er die Verantwortung für deren Arbeit. Zu diesen Unterauftragnehmern zählen auch Dienstleistungsunternehmen für die zerstörungsfreie Prüfung.

DIN EN 764-1 [7] definiert den Hersteller als eine Einzelperson oder Organisation, die die Verantwortung für die Konstruktion, Fertigung, Prüfung, gegebenenfalls für die Aufstellung sowie für die Übereinstimmung mit der maßgeblichen Prüfnorm trägt, durchführt, auch wenn einzelne Produktionsschritte von einem Unterauftragnehmer durchgeführt wurden.

Die EG-Kommission Ratsarbeitsgruppe „Druck" sagte zur Definition eines Herstellers: *„Hersteller kann jeder sein, der in der Lage und willens ist, diese Aufgabe zu übernehmen. Die Übernahme der Rolle des Herstellers im Sinne der Druckgeräterichtlinie sollte vertraglich geregelt werden."*

Ein Hersteller:

	RL 97/23/EG	**RL 2014/68/EU**
– trifft die Kategorie-Einstufung	Art. 9	Art. 13
– trifft die Modul-Auswahl	Art. 10 und Anhang II	Art. 14 und Anhang II
– erstellt die Gefahrenanalyse	Anhang I, Vorbemerkung	Anhang I, Vorbemerkung
– beauftragt die benannte Stelle nach RL 97/23/EG, beauftragt die Notifizierte Stelle nach RL 2014/68/EU	Anhang III	Anhang III
– ist verantwortlich für Entwurf und Herstellung	Anhang I	Anhang I
– trifft die Werkstoffauswahl	Anhang I, Abschnitt 4	Anhang I, Abschnitt 4
– erstellt die Betriebsanleitung	Anhang I, Abschnitt 3.4	Anhang I, Abschnitt 3.4
– stellt die Konformitätserklärung	Anhang VII	Anhang IV
– bringt die CE-Kennzeichnung an	Artikel 15	Artikel 19
– behält bei Untervergabe (an einen Lieferanten) die Oberaufsicht.		

Der **Fertiger** tritt als Errichter, Aufsteller, verlängerte Werkbank des eigentlichen Herstellers im Sinne der Richtlinie auf. EN 13480-1 definiert unter Abschnitt 3.1.5 diesen als den Fertiger und/oder den Errichter der Rohrleitung als die Person oder die Organisation, die die Verantwortung für die Fertigung und/oder Verlegung der industriellen Rohrleitung in Übereinstimmung mit den Anforderungen in EN 13480 trägt.

Achtung: In der deutschen Fassung ist hier noch die Übersetzung falsch.

Hierzu zählen auch Dienstleister wie Prüffirmen. Wird nach vorgegebenen Planungsunterlagen montiert oder gefertigt und liegt die Auslegung (Festlegung von Druck und Temperatur, Berechnung, Werkstoffauswahl) nicht beim Auftragnehmer (dem Rohrleitungsbauunternehmen), sondern beim Auftraggeber, tritt das Rohrleitungsbauunternehmen als Fertiger/Errichter auf. Die Begriffe „Fertiger" oder „Errichter" sind keine Definition, die in beiden Fassungen der Druckgeräterichtlinie zu finden ist. Es handelt sich hierbei um Begriffe, die sich eingebürgert haben, um einen Fertiger/Errichter als produzierende „verlängerte" Werkbank für einen Hersteller zu beschreiben.

DIN EN 764-1 definiert den Fertiger einer Rohrleitung als „Einzelperson oder Organisation, die die Verantwortung für die Fertigung von industriellen Rohrleitungen in Übereinstimmung mit der maßgeblichen Produktnorm übernimmt".

DIN EN 764-1 definiert den Aufsteller einer Rohrleitung als „Einzelperson oder Organisation, die die Verantwortung für den Einbau von industriellen Rohrleitungen in Übereinstimmung mit den Anforderungen der maßgeblichen Produktnorm übernimmt, unter der Verantwortung des Herstellers".

Gleichbedeutend sind diese Begriffe anstelle von Rohrleitung auch für die Produktformen Behälter und Dampfkessel anzuwenden.

Ein Fertiger

- arbeitet nach vorgegebenen Planungsunterlagen,
- trifft keine Werkstoffauswahl,
- macht keine Berechnung,
- ist verantwortlich für Herstellung i.S. des Anhangs I Abschnitt 3.1.2 in beiden Richtlinien,
- ist verantwortlich für Werkstoffbeschaffung (wenn das Material nicht beigestellt wird),
- ist verantwortlich für geeignetes Personal (Schweißer, Bediener, Prüfer),
- ist verantwortlich für geeignete Arbeitsverfahren,
- erstellt die übliche Dokumentation,
- bringt **kein** CE-Zeichen kann,
- kann eine Lieferantenerklärung ausstellen.

Wenn der Auftraggeber z.B. den Werkstoff für eine Rohrleitung vorschreibt, kann der Auftragnehmer, in diesem Fall der Hersteller im Sinne der Richtlinie, nicht die Gewährleistung für den Werkstoff übernehmen. Er bekommt den Werkstoff vorgeschrieben, soll aber trotzdem als Hersteller auch für die geeignete Werkstoffauswahl mit der Konformitätserklärung geradestehen. Da es immer wieder zu Diskussionen zwischen dem Auftraggeber und den Rohrleitungsbaufirmen kommt, sollten beide Vertragspartner im gemeinsamen Interesse eine vertragliche Vereinbarung treffen, in der jeder Vertragspartner im Rahmen seines Leistungsumfanges seine jeweilige Verantwortung übernimmt und den anderen gegenüber Ansprüchen von Dritten freistellt.

Unabhängig von allen Gestaltungen des Vertrages sollten im Vorfeld die nachstehenden Fragen zwischen Auftraggeber und Auftragnehmer geklärt sein:

- Wer ist Hersteller im Sinne der Druckgeräterichtlinie?
- Wer hat somit die Gefahrenanalyse für das Druckgerät zu erstellen?
- Wer hat folglich die Betriebsanleitung für das Druckgerät zu erstellen?
- Wer stellt die Konformitätserklärung aus und bringt, soweit gefordert, die CE-Kennzeichnung an?

Nach einer juristischen Feststellung ist tatsächlicher Hersteller derjenige, der aktiv und eigenverantwortlich an der Entstehung eines Produkts mitgewirkt hat. Er ist dazu im Gegensatz nicht als Hersteller anzusehen, wenn er sich ohne Eigenverantwortung, also in abhängiger Stellung, am Herstellungsprozess beteiligt. Weitere Informationen zur Bestimmung, wer Hersteller im Sinne der Druckgeräterichtlinie ist, sind im FDBR Merkblatt 1 „Verantwortlichkeiten gemäß Druckgeräterichtlinie für den Rohrleitungsbau“ [8] zu finden.

Ein **Bevollmächtigter** ist eine natürliche oder juristische Person, die vom Hersteller beauftragt wurde, in seinem Namen zu handeln. Die RL 2014/68/EU beschreibt den Bevollmächtigten in Artikel 7. Entsprechend den Richtlinien des neuen Konzepts muss der Bevollmächtigte in der Europäischen Gemeinschaft (EU) niedergelassen sein. Der Bevollmächtigte wird hierzu ausdrücklich vom Hersteller benannt, und die Behörden des Mitgliedstaates können sich an ihn statt an den Hersteller wenden, wenn es um Pflichten des Letzteren im Rahmen der betreffenden Richtlinie des neuen Konzepts geht. Der Hersteller bleibt generell für Maßnahmen verantwortlich, die ein Bevollmächtigter in seinem Namen durchführt.

Der Hersteller kann in der Europäischen Gemeinschaft oder anderswo niedergelassen sein. In beiden Fällen kann der Hersteller einen Bevollmächtigten benennen, der in seinem Namen die sich aus den anwendbaren Richtlinien ergebenden Verpflichtungen des Herstellers erfüllt. Ein außerhalb der Europäischen Gemeinschaft niedergelassener Hersteller braucht keinen Bevollmächtigten zu haben, obwohl sich daraus einige Vorteile ergeben können. Nicht zu verwechseln mit dem Bevollmächtigten im Sinne der nach dem neuen Konzept verfassten Richtlinien sind dabei Handelsvertreter des Herstellers (z. B. bevollmächtigte Händler), ganz gleich, ob sie in der Gemeinschaft niedergelassen sind oder nicht.

Die Übertragung von Pflichten des Herstellers an den Bevollmächtigten muss durch einen ausdrücklichen und schriftlichen Auftrag erfolgen, in dem insbesondere die Pflichten und die Grenzen der Befugnisse des Bevollmächtigten aufgeführt sind. Je nach dem Konformitätsbewertungsverfahren und der betreffenden Richtlinie kann der Bevollmächtigte beispielsweise dafür benannt werden, sicherzustellen und zu erklären, dass das Produkt den Anforderungen entspricht, die CE-Kennzeichnung und die Nummer der Benannten Stelle an dem Produkt anzubringen, die EG-Konformitätserklärung zu erstellen und zu unterzeichnen oder die Erklärung und die technischen Unterlagen für die nationalen Aufsichtsbehörden zur Verfügung zu halten. Die Pflichten, die dem Bevollmächtigten gemäß den Richtlinien übertragen werden können, sind administrativer Art. Also darf der Hersteller den Bevollmächtigten weder mit den Maßnahmen beauftragen, die der Sicherstellung dienen, dass der Herstellungsprozess die Richtlinienkonformität der Produkte gewährleistet, noch mit der Erstellung technischer Unterlagen, sofern keine anders lautenden Bestimmungen vorgesehen sind. Außerdem darf ein Bevollmächtigter das Produkt nicht aus eigenem Antrieb verändern, um es mit den anwendbaren Richtlinien in Einklang zu bringen. Der Bevollmächtige kann zugleich als Subunternehmer fungieren. Als Subunternehmer darf er z. B. unter der Bedingung am Entwurf und der Herstellung des Produkts beteiligt sein, dass der Hersteller die Oberaufsicht für das Produkt behält und seinen Verpflichtungen im Hinblick auf die Einhaltung der Bestimmungen der anwendbaren Richtlinien nachkommt. Der Bevollmächtigte kann darüber hinaus gleichzeitig als Importeur oder als für das Inverkehrbringen verantwortliche Person im Sinne der Richtlinien des neuen Konzepts auftreten. Sein Verantwortungsbereich wird dementsprechend ausgedehnt.

Ein **Importeur** ist gleichbedeutend mit dem **Einführer** nach Artikel 8 der RL 2014/68/EU. Er ist eine für das Inverkehrbringen in der Europäischen Gemeinschaft niedergelassene natürliche oder juristische verantwortliche Person im Sinne der Richtlinien des neuen Konzepts, die ein Produkt aus einem Drittland auf dem Gemeinschaftsmarkt in den Verkehr bringt.

Ist der Hersteller nicht in der Europäischen Gemeinschaft niedergelassen und hat er keinen Bevollmächtigten in der Europäischen Gemeinschaft, muss der Importeur sicherstellen, dass er die Marktaufsichtsbehörden mit den notwendigen Informationen über das Produkt versorgen kann. Die natürliche oder juristische Person, die ein Produkt in die Europäische Gemeinschaft einführt, kann unter Umständen als die Person angesehen werden, die die Verantwortung des Herstellers übernehmen muss, welche dieser entsprechend den anwendbaren, nach dem neuen Konzept verfassten Richtlinien zu tragen hat.

Der in der Gemeinschaft niedergelassene Importeur, der ein Produkt aus einem Drittland auf dem Gemeinschaftsmarkt in den Verkehr bringt, trägt im Rahmen der nach dem neuen Konzept verfassten Richtlinien eine begrenzte, aber definierte Verantwortung. Entsprechend den nach dem neuen Konzept verfassten Richtlinien muss der Importeur (die für das Inverkehrbringen verantwortliche Person) in der Lage sein, eine Kopie der EG-Konformitätserklärung und die technischen Unterlagen für die Aufsichtsbehörden beizubringen. Diese Verpflichtung wird dem Importeur (der für das Inverkehrbringen verantwortlichen Person) nur übertragen, wenn der Hersteller nicht in der Gemeinschaft niedergelassen ist und keinen Bevollmächtigten in der Gemeinschaft hat. Daher sollte der Importeur (die für das Inverkehrbringen verantwortliche Person) vom Hersteller eine schriftliche förmliche Zusicherung verlangen, dass die Unterlagen auf Anforderung der Aufsichtsbehörde zugänglich gemacht werden.

Im Gegensatz zum Bevollmächtigten muss der Importeur weder einen Auftrag vom Hersteller noch ein besonderes Verhältnis zu ihm haben. Um jedoch seinen Verpflichtungen nachkommen zu können, muss der Importeur sicherstellen, dass er mit dem Hersteller in Kontakt treten kann. Wünscht der Importeur, im Namen des Herstellers administrative Pflichten wahrzunehmen, muss er vom Hersteller ausdrücklich dazu benannt werden, als Bevollmächtigter aufzutreten. Dies setzt jedoch voraus, dass er in der Gemeinschaft niedergelassen ist. Unter bestimmten Umständen muss die als Importeur bezeichnete Person die Pflichten des Herstellers übernehmen können, d. h. sicherstellen, dass das Produkt mit den wesentlichen Anforderungen übereinstimmt und dass das entsprechende Konformitätsbewertungsverfahren durchgeführt worden ist.

Als **Händler** nach Artikel 9 der RL 2014/68/EU gilt jede natürliche oder juristische Person in der Absatzkette, die mit Geschäftstätigkeiten befasst ist, nachdem das Produkt im Gebiet der Gemeinschaft in den Verkehr gebracht worden ist. Händler müssen die notwendige Sorgfalt walten lassen, damit kein eindeutig nichtkonformes Produkt auf den Gemeinschaftsmarkt gelangt. Sie müssen dies der nationalen Marktaufsichtsbehörde nachweisen können. Ein Händler ist aber kein Hersteller und kein Importeur.

Einzelhändler, Großhändler und andere Händler in der Absatzkette brauchen nicht wie der Bevollmächtigte in einem besonderen Verhältnis zum Hersteller zu stehen. Sie sind im Auftrag des Herstellers oder im eigenen Namen mit Geschäftstätigkeiten befasst, nachdem das Produkt im Gebiet der Gemeinschaft in den Verkehr gebracht worden ist.

Der Händler muss sorgfältig handeln und über Grundkenntnisse auf dem Gebiet der anwendbaren Rechtsvorschriften verfügen. So sollte er unter anderem wissen, welche Produkte mit der CE-Kennzeichnung zu versehen sind, welche Unterlagen (z.B. EU-Konformitätserklärung) das Produkt begleiten müssen, welche sprachlichen Anforderungen an die Betriebsanweisungen bzw. andere Begleitunterlagen bestehen und welche Umstände eindeutig für die Nichtkonformität des Produkts sprechen. Er darf demzufolge keine Produkte liefern, von denen er weiß oder bei denen er anhand der ihm vorliegenden Informationen als Gewerbetreibender hätte davon ausgehen müssen, dass sie den gesetzlichen Anforderungen nicht genügen. Außerdem hat er an Maßnahmen zur Verhinderung bzw. Minimierung dieser Gefährdungen mitzuwirken.

Nach dem neuen Konzept verfasste Richtlinien sehen nicht vor, dass der Händler die Verpflichtungen des Herstellers übernimmt. Er kann daher beispielsweise nicht aufgefordert werden, eine Kopie der EU-Konformitätserklärung oder die technischen Unterlagen bereitzustellen, es sei denn, er ist gleichzeitig der in der Europäischen Gemeinschaft niedergelassene Bevollmächtigte oder der Importeur (die für das Inverkehrbringen verantwortliche Person). Dennoch hat er die Pflicht, der nationalen Aufsichtsbehörde nachzuweisen, mit der nötigen Sorgfalt gehandelt und sich vergewissert zu haben, dass der Hersteller oder sein Bevollmächtigter in der Europäischen Gemeinschaft oder die Person, die ihm das Produkt zur Verfügung gestellt hat, die in den anwendbaren Richtlinien geforderten notwendigen Maßnahmen ergriffen hat. Zudem muss der Händler in der Lage sein, den Hersteller, seinen Bevollmächtigten in der Europäischen Gemeinschaft, den Importeur bzw. die Person anzugeben, die ihm das Produkt zur Verfügung gestellt hat, um der Aufsichtsbehörde dabei zu helfen, die EG-Konformitätserklärung und die notwendigen Teile der technischen Unterlagen zu erhalten.

Gemäß der Richtlinie über die allgemeine Produktsicherheit ist der Händler jeder Gewerbetreibende in der Absatzkette, dessen Tätigkeit die Sicherheitseigenschaften eines Produkts nicht beeinflusst. Nach Maßgabe der Richtlinie haben die Händler sorgfältig zu handeln, um zur Einhaltung der allgemeinen Sicherheitsverpflichtung beizutragen, indem sie vor allem keine Produkte liefern, von denen sie wissen oder bei denen sie anhand der ihnen vorliegenden Informationen und als Gewerbetreibende hätten davon ausgehen müssen, dass sie dieser Anforderung nicht genügen. Im Rahmen ihrer jeweiligen Geschäftstätigkeit haben sie vor allem an der Überwachung der Sicherheit der auf dem Markt befindlichen Produkte mitzuwirken, insbesondere durch Weitergabe von Hinweisen auf eine von den Produkten ausgehende Gefährdung und durch Mitarbeit an Maßnahmen zur Vermeidung dieser Gefahren.

9 Konformitätsbewertungsstellen

Konformitätsbewertungsstellen sind diejenigen Stellen, die nach Artikel 2 (28) Konformitätsbewertungstätigkeiten einschließlich Kalibrierungen, Prüfungen, Zertifizierungen und Inspektionen durchführen. Eine Konformitätsbewertung ist das Verfahren zur Bewertung, ob die wesentlichen Sicherheitsanforderungen aus der Druckgeräterichtlinie erfüllt sind. Es wird also z. B. geprüft, ob eine vom Hersteller eingereichte Entwurfsprüfunterlage den Anforderungen der Richtlinie entspricht (Kategorie III) oder bei der Abnahme in Kategorie III oder IV, ob das Druckgerät der Richtlinie entspricht.

Zu den Konformitätsbewertungstellen zählen die notifizierten Stellen, die anerkannten unabhängigen Stellen und die Betreiberprüfstellen.

9.1 Notifizierte Stellen

Notifizierte Stellen übernehmen in den Fällen, in denen die Einschaltung einer neutralen Stelle erforderlich ist, die sich aus den Richtlinien nach dem neuen Konzept ergebenden Aufgaben im Zusammenhang mit den Konformitätsbewertungsverfahren. In der Fassung der RL 97/23/EG wurde noch nach Artikel 12 zwischen Benannter Stelle und nach Artikel 13 nach anerkannter unabhängiger Prüfstellen unterschieden. Die RL 2014/68/EU bezeichnet beide dieser Stellen als Notifizierte Stellen (notified bodies).

Nach **RL 97/23/EG** teilten die Mitgliedstaaten der Kommission und den anderen Mitgliedstaaten mit, welche Stellen sie für die Durchführung der Verfahren nach Artikel 10 und Artikel 11 benannt haben, welche spezifischen Aufgaben diesen Stellen übertragen wurden und welche Kennnummern ihnen zuvor von der Kommission zugeteilt wurden. Artikel 10 der Druckgeräterichtlinie regelt das Konformitätsbewertungsverfahren, Artikel 11 die Europäische Werkstoffzulassung.

Zuständig für die Benennung der Stellen sind die Mitgliedstaaten. Sie können die Stellen, die sie benennen, aus den ihrer Gerichtsbarkeit unterstehenden Stellen auswählen, die die Anforderungen der Richtlinien und die im Beschluss 93/465/EWG festgelegten Grundsätze kontinuierlich erfüllen.

Anhand einer Bewertung der um die Benennung nachsuchenden Stelle wird entschieden, ob sie fachlich kompetent und in der Lage ist, das betreffende Konformitätsbewertungsverfahren durchzuführen, und ob sie die notwendige Unabhängigkeit, Unparteilichkeit und Integrität besitzt. Im Falle einer der Notifizierung vorangegangenen Akkreditierung sollte die Kompetenz der Benannten Stelle regelmäßig nach den von den Akkreditierungsstellen festgelegten Verfahren überwacht werden.

Diese Beschreibung ist nun in **RL 2014/68/EU** in Kapitel 4 und in Artikel 20 folgende geregelt. Die Mitgliedstaaten notifizieren (heißt: teilen mit) der Kommission und den übrigen Mitgliedstaaten die notifizierten Stellen und Betreiberprüfstellen, die befugt sind, Konformitätsbewertungsaufgaben gemäß Artikel 14 (Konformitätsbewertungsverfahren), Artikel 15 (Europäische Werkstoffzulassung) oder Artikel 16 (Betreiberprüfstellen) wahrzunehmen, und teilen die unabhängigen Prüfstellen mit, die sie für die Wahrnehmung der Aufgaben gemäß Anhang I Nummern 3.1.2 und 3.1.3 anerkannt haben.

Zu den in den Richtlinien aufgeführten Kompetenzkriterien gehören in der Regel

- die Verfügbarkeit des entsprechenden Personals und der erforderlichen Ausstattung,
- die Unabhängigkeit und Unparteilichkeit gegenüber den direkt oder indirekt mit dem Produkt befassten Personen (z. B. Konstrukteur, Hersteller, Bevollmächtigter des Herstellers, Lieferant, Montagebetrieb, Installationsbetrieb, Benutzer),
- die für die Produkte und das betreffende Konformitätsbewertungsverfahren relevante fachliche Kompetenz des Personals.

Aufgabe der notifizierten Stellen ist es, die Konformität mit den wesentlichen Anforderungen aus dem Anhang I der Druckgeräterichtlinie zu bewerten und eine kohärente technische Anwendung dieser Anforderungen nach den entsprechenden Verfahren der betreffenden Richtlinien zu gewährleisten. Die notifizierten Stellen müssen über geeignete Einrichtungen verfügen, damit sie die technischen und administrativen Aufgaben im Zusammenhang mit der Konformitätsbewertung durchführen können. Ebenso müssen sie angemessene Verfahren der Qualitätskontrolle für die bereitgestellten Dienstleistungen anwenden. Die Konformitätsbewertungsverfahren wurden in verschiedene Module untergliedert, die nicht weiter unterteilt werden dürfen, da sonst die Kohärenz des gesamten Systems und die Zuständigkeiten der Hersteller und gegebenenfalls der notifizierten Stellen infrage gestellt würden. Demnach muss eine notifizierte Stelle in der Lage sein, die Verantwortung für die Konformitätsbewertung nach einem vollständigen Modul oder nach mehreren vollständigen Modulen zu übernehmen und über die Kompetenz für die Durchführung verfügen.

Notifizierung, Notifizierende Behörde

Für alle Arten von Richtlinien wie Druckgeräterichtlinie, Maschinenrichtlinie etc. melden die Mitgliedsländer der EU die Institutionen (wie z. B. in Deutschland verschiedene TÜV, DNV GL SE, DVS [GSI]), die sie mit den Arbeiten im Rahmen der zutreffenden Richtlinie vorgesehen haben. Dazu zählen auch die anerkannten unabhängigen Prüfstellen und Betreiberprüfstellen.

In der RL 97/23/EG hieß dieser Vorgang: *„die Mitgliedsstaaten teilen der Kommission mit…“*, dieses Mitteilen wurde mit „Melden“ gleichgesetzt. Im Rahmen der Vereinheitlichung des Sprachgebrauchs in allen Richtlinien wurde hieraus die Formulierung in Artikel 20: *„Die Mitgliedstaaten notifizieren der Kommission und den übrigen Mitgliedstaaten die notifizierten Stellen und Betreiberprüfstellen, die befugt sind, Konformitätsbewertungsaufgaben gemäß Artikel 14, 15 oder 16 wahrzunehmen, und die unabhängigen Prüfstellen mit, die sie für die Wahrnehmung der Aufgaben gemäß Anhang I Nummern 3.1.2 und 3.1.3 anerkannt haben.“* Insofern ist gemeldet und notifiziert gleich.

Die Behörde, welche national diese „Zulassung“ als notifizierende Behörde vornimmt, ist in Deutschland die ZLS (Zentralstelle der Länder für Sicherheitstechnik) in München. Die ZLS ist zuständig für die Erteilung der Befugnis für Stellen, die im Vollzug des nationalen Rechts als GS-Stellen, zugelassene Überwachungsstellen bzw. Prüfstellen von Unternehmen die Sicherheit von Produkten, Geräten, Maschinen und Anlagen überprüfen und zertifizieren sowie für Stellen, die nach dem Europäischen Gemeinschaftsrecht als Notified Bodies vorgeschriebene Konformitätsbewertungsaufgaben vornehmen.

Für diese Stellen ist die ZLS auch notifizierende Behörde.

Falls eine solche notifizierende Behörde feststellt oder darüber unterrichtet wird, dass eine notifizierte Stelle oder eine anerkannte unabhängige Prüfstelle die in Artikel 24 der RL 2014/68/EU genannten Anforderungen nicht mehr erfüllt oder dass sie ihren Pflichten nicht nachkommt, schränkt sie die Notifizierung gegebenenfalls ein, setzt sie aus oder widerruft sie, wobei sie das Ausmaß berücksichtigt, in dem diesen Anforderungen nicht genügt oder diesen Pflichten nicht nachgekommen wurde. Sie unterrichtet unverzüglich die Kommission und die übrigen Mitgliedstaaten darüber.

Die Kommission weist jeder notifizierten Stelle eine eigene Kennnummer zu. Auch wenn eine Stelle für mehrere Rechtsvorschriften der Union notifiziert ist, erhält sie nur eine einzige Kennnummer. Die Kommission veröffentlicht das Verzeichnis der nach dieser Richtlinie notifizierten Stellen samt den ihnen zugewiesenen Kennnummern und den Tätigkeiten, für die sie notifiziert wurden, und trägt dafür Sorge, dass das Verzeichnis stets auf dem neuesten Stand gehalten wird.

Das Verzeichnis der notifizierten Stellen ist im Internet unter http://ec.europa.eu/enterprise/newapproach/nando zu finden. Nando steht dabei für New Approach Notified and Designated Organisations Information System.

9.2 Anerkannte unabhängige Prüfstelle

Anerkannte unabhängige Prüfstellen nach Artikel 21 der RL 2014/68/EU (Artikel 13 der RL 97/23/EG) sind mit der Durchführung der Aufgaben nach Anhang I Abschnitte 3.1.2 und 3.1.3 betraut und müssen hierfür auch anerkannt sein. Abschnitt 3.1.2 regelt die dauerhaften Verbindungen (Schweißverbindungen), Zulassung der Arbeitsverfahren (Schweißverfahrensprüfung) z. B. nach EN ISO 15614-1 und des Personals (Schweißerprüfung nach EN 287-1 bzw. EN ISO 9606-1) und Bedienerprüfung (nach EN 1418 bzw. EN ISO 14732). Abschnitt 3.1.3 regelt die Billigung des Personals für zerstörungsfreie Prüfungen nach EN ISO 9712. Das Wort „billigen" ist gleichbedeutend zu sehen mit „zulassen".

9.3 Betreiberprüfstelle

Abweichend von den Bestimmungen über die Aufgaben der notifizierten Stellen können die Mitgliedstaaten zulassen, dass in ihrem Hoheitsgebiet Druckgeräte und Baugruppen, deren Konformität mit den grundlegenden Anforderungen von einer **Betreiberprüfstelle** nach Artikel 25 der RL 2014/68/EU (Artikel 14 der RL 97/23/EG) bewertet wurde, die nach den Kriterien benannt wurde, auf die im dortigen Absatz 8 Bezug genommen wird, in den Verkehr gebracht und von den Betreibern in Betrieb genommen werden.

Die Druckgeräte und Baugruppen, deren Konformität von einer Betreiberprüfstelle bewertet wurde, dürfen **nicht** die CE-Kennzeichnung tragen.

Diese Druckgeräte und Baugruppen dürfen ausschließlich in den Betrieben der Unternehmensgruppe verwendet werden, der die Prüfstelle angehört. Die Unternehmensgruppe wendet eine gemeinsame Sicherheitspolitik in Bezug auf die technischen Auslegungs-, Fertigungs-, Kontroll-, Wartungs- und Benutzungsbedingungen für Druckgeräte und Baugruppen an. Die Betreiberprüfstellen arbeiten ausschließlich für die Unternehmensgruppe, der sie angehören. Für die Konformitätsbewertung durch die Betreiberprüfstellen gelten die Verfahren der Module A2, C1, F und G gemäß Anhang III der Druckgeräterichtlinie.

9.4 Zugelassene Überwachungsstelle

Zugelassene Überwachungsstelle (ZÜS) ist ein Begriff aus der Betriebssicherheitsverordnung. Mit der Änderung des Gerätesicherheitsgesetzes vom 27. Dezember 2000 (BGBl. I S. 2048) wurde im § 14 das bisherige System des „personenbezogenen Sachverständigenprüfwesens" in ein System des „organisationsbezogenen Prüfwesens" geändert. Entsprechend § 19 Abs. 7 wurde eine zweiphasige Übergangsregelung vorgesehen. Danach durften Prüfungen der überwachungsbedürftigen Anlagen bis zum Dezember 2005 nur von amtlich oder amtlich für diesen Zweck anerkannten Sachverständigen vorgenommen werden. Dies galt auch, sofern die überwachungsbedürftigen Anlagen nicht den Anforderungen der einschlägigen Gemeinschafts-Richtlinien und damit auch den diese Richtlinien in nationales Recht umsetzenden Verordnungen nach § 4 Abs. 1 GSG entsprachen oder mit den Anforderungen dieser nationalen Verordnung nur deshalb im Einklang standen, weil sie den Anforderungen, die während der Übergangszeit dieser Verordnung lagen, entsprachen. Damit konnten im Zeitraum vom 1. Januar 2006 bis zum 31. Dezember 2007 neue „zugelassene Überwachungsstellen" überwachungsbedürftige Anlagen prüfen, die ausschließlich den EU-Anforderungen einer Verordnung nach § 4 Abs. 1 GSG entsprachen. Ab dem 1. Januar 2008 durften dann Prüfungen an überwachungsbedürftigen Anlagen nur noch von den zugelassenen Überwachungsstellen durchgeführt werden. Das bisherige Prüfmonopol der technischen Überwachungsorganisationen ist am 31. Dezember 2007 endgültig ausgelaufen. Anforderungen an zugelassene Überwachungsstellen für die vorgeschriebenen oder angeordneten Prüfungen für überwachungsbedürftige Anlagen sind Stellen nach § 37 Absatz 1 und 2 des Produktsicherheitsgesetzes. Die zusätzlichen Anforderungen an diese Stellen sind in § 21 BetrSichV geregelt. Die Benennung der „zugelassenen Überwachungsstellen" erfolgt durch die einzelnen Bundesländer.

10 Einstufung des Druckgerätes

Die Druckgeräterichtlinie sieht vor, alle Arten von Druckgeräten wie Behälter, Rohrleitungen, Dampfkessel hinsichtlich ihrer druckbedingten Gefahren in 4 Kategorien einzuteilen. Ursprünglich wurde hierfür sogar der Begriff Gefahrenkategorie gewählt, dieser Begriff ist jedoch von vorneherein schon negativ belastet und wurde durch die neutrale Bezeichnung Kategorie ersetzt. Bei Rohrleitungen gibt es davon abweichend nur 3 Kategorien. Die Kategorie hängt ab vom Volumen eines Behälters bzw. dem Durchmesser einer Rohrleitung in Kombination mit der Gefährlichkeit des Stoffes darin und dem Aggregatzustand, ob gasförmig oder flüssig.

Eine sinnvolle Einstufung einer Rohrleitung in Kraftwerken kann auf Basis des KKS Kraftwerk-Kennzeichensystems (VGB B 105) erfolgen. Dabei werden Rohrleitungsstränge eines Anwendungsbereiches, z.B. Frischdampfleitung (LBA), als ein System gleichen Drucks und gleicher Temperatur betrachtet. In der Chemie geschieht diese Einteilung nach Rohrklassen. Alle in einem Rohrleitungssystem bzw. in einer Rohrklasse verbauten Komponenten wie die Rohrleitung selbst oder die druckhaltenden Ausrüstungsteile (Absperrarmaturen, Kompensatoren, Manometer, Kondensatableiter etc.) werden dabei in eine Kategorie eingestuft.

In jedem dieser Diagramme werden dann die druckbedingt entstehenden Gefahren in Kategorien I, II, III oder IV eingeteilt. Bei den Rohrleitungen gibt es die 3 Kategorien: I, II und III.

Tabelle 1: Einteilung der Druckgeräte nach Druckgeräterichtlinie und Zuordnung der Diagramme

Druckgerät	Behälter	Fluidgruppe 1 + Gase	Diagramm 1
		Fluidgruppe 2 + Gase	Diagramm 2
		Fluidgruppe 1 + Flüssigkeiten	Diagramm 3
		Fluidgruppe 2 + Flüssigkeiten	Diagramm 4
	Baugruppen für Erzeugung von Dampf oder Heißwasser von über 110 °C		Diagramm 5
	Rohrleitungen	Fluidgruppe 1 + Gase	Diagramm 6
		Fluidgruppe 2 + Gase	Diagramm 7
		Fluidgruppe 1 + Flüssigkeiten	Diagramm 8
		Fluidgruppe 2 + Flüssigkeiten	Diagramm 9

10.1 Kategorie I, II, III oder IV

Im Folgenden werden für Rohrleitungen die vier möglichen Diagramme (Bilder 5a bis 5d) aus der RL 2014/68/EU gemäß der Einteilung aus Tabelle 1 wiedergegeben. Je nach Aggregatzustand und Gefährlichkeit des Mediums (Fluids) gibt es ein eigenes Diagramm. Innerhalb dieser Diagramme muss dann aus der Nennweite der Rohrleitung und dem maximal zulässigen Druck für diese Rohrleitung durch Multiplikation ein Zahlenwert (PS × DN) gebildet werden. Liegt der ermittelte Zahlenwert genau auf der Abgrenzungslinie zwischen zwei Kategorien, so fällt dieses Druckgerät in die untere Kategorie.

Es gibt keine produktübergeordneten Grenzen zwischen den Kategorien der Druckgeräterichtlinie. Jedes Druckgerät, ob Rohrleitung, Behälter oder Dampfkessel, hat bezogen auf die Fluidgruppe in Kombination mit dem Aggregatzustand seine individuelle Grenzen in jedem Diagramm und somit eigene Abgrenzungen der Kategorien zueinander.

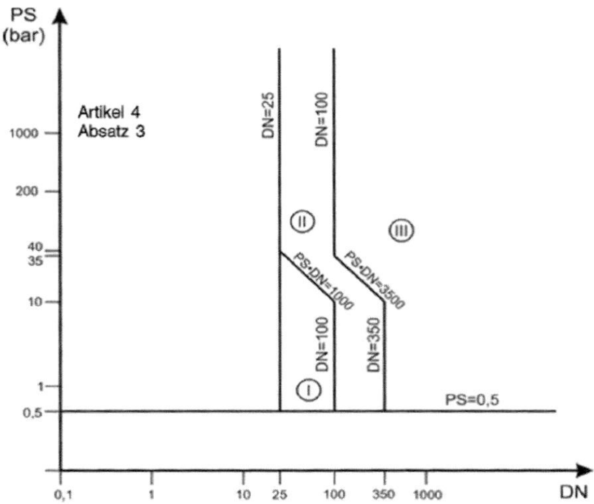

Bild 5a: Diagramm 6 *„Rohrleitungen gemäß Artikel 4 Absatz 1 Buchstabe c Ziffer i erster Gedankenstrich"*. Gemeint sind damit Rohrleitungen mit Stoffen der Fluidgruppe 1 im gasförmigen Zustand.

Als Ausnahme hiervon sind Rohrleitungen, die für instabile Gase bestimmt sind und nach Diagramm 6 unter Kategorie I oder II fallen, somit in die Kategorie III einzustufen.

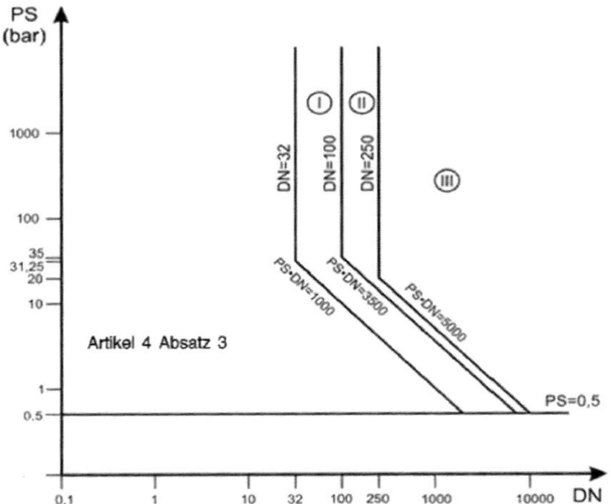

Bild 5b: Diagramm 7 *„Rohrleitungen gemäß Artikel 4 Absatz 1 Buchstabe c Ziffer i zweiter Gedankenstrich“*. Gemeint sind damit Rohrleitungen mit Stoffen der Fluidgruppe 2 im gasförmigen Zustand.

Als Ausnahme hiervon sind Rohrleitungen, die Fluide mit Temperaturen von mehr als 350 °C enthalten und nach Diagramm 7 unter Kategorie II fallen, in die Kategorie III einzustufen.

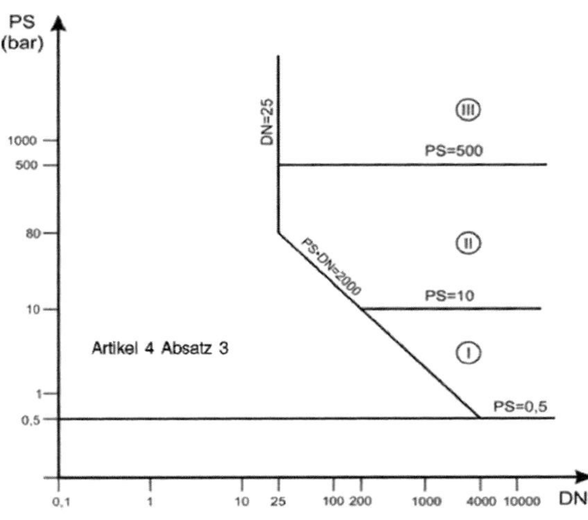

Bild 5c: Diagramm 8 *„Rohrleitungen gemäß Artikel 4 Absatz 1 Buchstabe c Ziffer ii erster Gedankenstrich“*. Gemeint sind damit Rohrleitungen mit Stoffen der Fluidgruppe 1 im flüssigen Zustand.

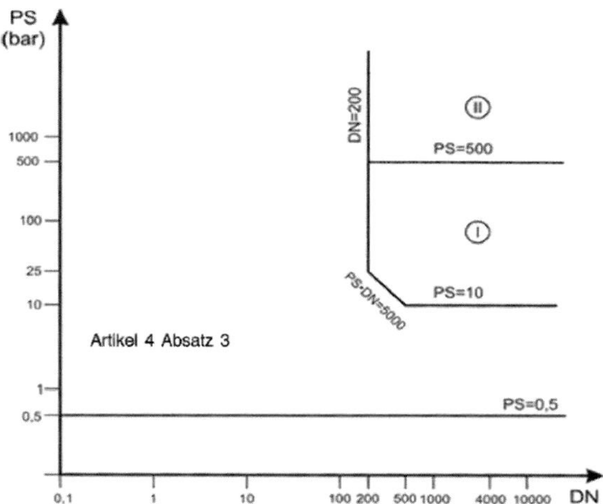

Bild 5d: Diagramm 9 *„Rohrleitungen gemäß Artikel 4 Absatz 1 Buchstabe c Ziffer ii zweiter Gedankenstrich"*. Gemeint sind damit Rohrleitungen mit Stoffen der Fluidgruppe 2 im flüssigen Zustand.

Die Druckgeräterichtlinie beschreibt in gleicher Weise auch für Behälter die vier möglichen Kombinationen (Diagramme 1 bis 4). Je nach Aggregatzustand und nach Gefährlichkeit des Fluids gibt es ein eigenes Diagramm. Innerhalb dieser Diagramme wird dann aus dem Volumen des Behälters und dem maximal zulässigen Druck für diesen Behälter ein Zahlenwert durch Multiplikation ($PS \times V$) gebildet. Liegt der ermittelte Zahlenwert genau auf der Abgrenzungslinie zwischen zwei Kategorien, so fällt dieser Behälter in die untere Kategorie.

Für Dampfkessel, damit sind befeuerte oder anderweitig beheizte Druckgeräte mit Überhitzungsrisiko zur Erzeugung von Dampf oder Heißwasser mit einer Temperatur von mehr als 110 °C und einem Volumen von mehr als 2 Liter sowie alle Schnellkochtöpfe gemeint, gilt Diagramm 5. Hier gibt es nur ein Diagramm, weil es sich nur um das Fluid Wasser in dampfförmigem Zustand handelt.

10.2 Gute Ingenieurpraxis

Der Bereich mit einem maximal zulässigen Druck kleiner gleich 0,5 bar wird nicht vom Geltungsbereich der Druckgeräterichtlinie erfasst. Wie in Abschnitt 6 erläutert, gibt es auch einen Bereich oberhalb von 0,5 bar, der außerhalb der Druckgeräterichtlinie liegt. Dieser Bereich betrifft Rohrleitungen mit Nennweiten DN 25 bzw. DN 32. Dieser Bereich wird in der RL 2014/68/EU in Artikel 4 Absatz 3 der Druckgeräterichtlinie beschrieben:

> „Druckgeräte und Baugruppen, die höchstens die Grenzwerte nach Absatz 1 Buchstaben a, b und c sowie Absatz 2 erreichen, müssen in Übereinstimmung mit der in einem Mitgliedstaat geltenden guten Ingenieurpraxis ausgelegt und hergestellt werden, damit gewährleistet ist, dass sie sicher verwendet werden können.
>
> Den Druckgeräten und Baugruppen ist eine ausreichende Betriebsanleitung *(Anm.: in RL 97/23/EG noch Benutzungsanweisung genannt)* beizufügen."

Sie müssen eine Kennzeichnung tragen, anhand derer der Hersteller oder sein in der Gemeinschaft ansässiger Bevollmächtigter ermittelt werden kann.

Diese Druckgeräte oder Baugruppen dürfen nicht die in Artikel 18 der Druckgeräterichtlinie genannte CE-Kennzeichnung tragen.

Für Rohrleitungen mit dieser Einstufung nach Artikel 4 Absatz 3 gilt die Druckgeräterichtlinie nicht. Alternative Bezeichnungen in EN 13480 sind: Kategorie 0, gute Ingenieurpraxis (GIP) bzw. im englischen Sprachgebrauch „sound engineering practice" (SEP).

Da es ein Regelwerk als Gesamtheit für „gute Ingenieurpraxis" nicht gibt, muss hierfür eine Sammlung bewährter Normen zusammengetragen werden. Als bewährte Regeln gelten:

- Wanddickenberechnung nach DIN 2413;
- Werkstoffe nach DIN, DIN-EN-Normen mit Zeugnis DIN EN 10204 – 2.2;
- geprüfte Schweißer nach DIN EN 287-1;
- qualifiziertes Schweißverfahren DIN EN ISO 15610 etc.;
- Schweißanweisungen nach DIN EN ISO 15609-1/-2;
- Nahtvorbereitung nach DIN EN ISO 9692-1;
- Sichtprüfung der Nähte, z. B. nach DIN EN ISO 5817-C;
- Dichtheitsprüfung.

11 Fluidgruppen

Unter Fluiden werden Gase, Flüssigkeiten und Dämpfe als reine Phase sowie deren Gemische verstanden. Fluide können auch eine Suspension von Feststoffen enthalten.

Entsprechend der Druckgeräterichtlinie ist die Fluidgruppe durch das später in dem Bauteil fließende bzw. befindliche Medium bestimmt. Die Richtlinie unterscheidet zwei Fluidgruppen, die Einteilung wurde in der RL 2014/68/EU jedoch grundlegend überarbeitet.

11.1 Fluidgruppen der Richtlinie 97/23/EG

Die Grundlage für die Eingruppierung von Stoffen nach der RL 97/23/EG bildete die darin verankerte Richtlinie 67/548/EWG des Rates zur Angleichung der Rechts- und Verwaltungsvorschriften für die Einstufung, Verpackung und Kennzeichnung gefährlicher Stoffe vom 27. Juni 1967. Geregelt ist diese Einteilung in Artikel 9 der RL 97/23/EG.

Fluidgruppe 1: Zu dieser Gruppe zählen gefährliche Fluide. Zur Gruppe 1 gehören Fluide, die eingestuft werden als explosionsgefährlich, hochentzündlich, leicht entzündlich, entzündlich (wenn die maximal zulässige Temperatur über deren Flammpunkt liegt), sehr giftig, giftig oder brandfördernd.

Fluidgruppe 2: Weniger gefährliche und ungefährliche Fluide, also alle die, die nicht in die Fluidgruppe 1 eingruppiert werden.

Definitionen:

„Stoffe“: Chemische Elemente und ihre Verbindungen in natürlicher Form oder hergestellt durch ein Produktionsverfahren einschließlich der zur Wahrung der Produktstabilität notwendigen Zusatzstoffe und bei der Herstellung unvermeidbaren Verunreinigungen mit Ausnahme von Lösungsmitteln, die von dem Stoff ohne Beeinträchtigung seiner Stabilität und ohne Änderung seiner Zusammensetzung abgetrennt werden können.

„Zubereitungen“: Gemenge, Gemische und Lösungen, die aus zwei oder mehreren Stoffen bestehen können.

Nach Artikel 9 der Druckgeräterichtlinie erfolgt die Einstufung von Fluiden unter Bezugnahme auf Artikel 2 Absatz 2 der Richtlinie 67/548/EWG. Die dort verwendeten Symbole, wie z. B. T oder T+, und die Einstufung in Fluidgruppen nach Druckgeräterichtlinie sind allerdings nicht identisch. Dies bedeutet daher nicht automatisch, dass alle als gefährlich eingestuften Fluide zur Gruppe 1 der Druckgeräterichtlinie gehören. So können krebserregende Stoffe zwar nach Gefahrstoffverordnung mit dem Symbol T (wie giftig) gekennzeichnet sein, fallen aber trotzdem nicht in die Fluidgruppe 1. Mit Hilfe der Richtlinie 67/548/EG [9] (zuletzt geändert durch die Richtlinie 94/69/EG), umgesetzt in der Gefahrstoffverordnung (GefStoffV 2004), werden Stoffe und Zubereitungen mit ihren Gefährlichkeits- und Risikomerkmalen beschrieben.

Gefährlich sind Stoffe und Zubereitungen, die eine oder mehrere der in § 3a Abs. 1 des Chemikaliengesetzes genannten und in Anhang VI der Richtlinie 67/548/EWG näher bestimmten Eigenschaften aufweisen. Sie sind:

Tabelle 2: Kennzeichnung gefährlicher Stoffe nach RL 67/548/EWG, RL 94/69/EG

Merkmal	Eigenschaft	Bedingungen
E	explosionsgefährlich	wenn sie in festem, flüssigem, pastenförmigem oder gelatinösem Zustand auch ohne Beteiligung von Luftsauerstoff exotherm und unter schneller Entwicklung von Gasen reagieren können und unter festgelegten Prüfbedingungen detonieren, schnell deflagrieren oder beim Erhitzen unter teilweisem Einschluss explodieren
O	brandfördernd	wenn sie in der Regel selbst nicht brennbar sind, aber bei Berührung mit brennbaren Stoffen oder Zubereitungen, überwiegend durch Sauerstoffabgabe, die Brandgefahr und die Heftigkeit eines Brandes beträchtlich erhöhen
F+	hochentzündlich	wenn sie a) in flüssigem Zustand einen extrem niedrigen Flammpunkt und einen niedrigen Siedepunkt haben b) als Gase bei gewöhnlicher Temperatur und Normaldruck in Mischung mit Luft einen Explosionsbereich haben
F	leichtentzündlich	wenn sie a) sich bei gewöhnlicher Temperatur an der Luft ohne Energiezufuhr erhitzen und schließlich entzünden können,

Merk-mal	Eigenschaft	Bedingungen
		b) in festem Zustand durch kurzzeitige Einwirkung einer Zündquelle leicht entzündet werden können und nach deren Entfernen in gefährlicher Weise weiterbrennen oder weiterglimmen, c) in flüssigem Zustand einen sehr niedrigen Flammpunkt haben, d) bei Berührung mit Wasser oder mit feuchter Luft hochentzündliche Gase in gefährlicher Menge entwickeln
–	entzündlich	wenn sie in flüssigem Zustand einen niedrigen Flammpunkt haben
T+	sehr giftig	wenn sie in sehr geringer Menge bei Einatmen, Verschlucken oder Aufnahme über die Haut zum Tode führen oder akute oder chronische Gesundheitsschäden verursachen können
T	giftig	wenn sie in geringer Menge bei Einatmen, Verschlucken oder Aufnahme über die Haut zum Tode führen oder akute oder chronische Gesundheitsschäden verursachen können
Xn	gesundheitsschädlich	wenn sie bei Einatmen, Verschlucken oder Aufnahme über die Haut zum Tode führen oder akute oder chronische Gesundheitsschäden verursachen können
C	ätzend	wenn sie lebende Gewebe bei Berührung zerstören können
Xi	reizend	wenn sie – ohne ätzend zu sein – bei kurzzeitigem, länger andauerndem oder wiederholtem Kontakt mit Haut oder Schleimhaut eine Entzündung hervorrufen können

Merkmal	Eigenschaft	Bedingungen
–	sensibilisierend	wenn sie bei Einatmen oder Aufnahme über die Haut Überempfindlichkeitsreaktionen hervorrufen können, sodass bei künftiger Exposition gegenüber dem Stoff oder der Zubereitung charakteristische Störungen auftreten
–	krebserzeugend	wenn sie bei Einatmen, Verschlucken oder Aufnahme über die Haut Krebs erregen oder die Krebshäufigkeit erhöhen können
–	fortpflanzungsgefährdend	wenn sie bei Einatmen, Verschlucken oder Aufnahme über die Haut a) nicht vererbbare Schäden der Nachkommenschaft hervorrufen oder deren Häufigkeit erhöhen (fruchtschädigend) oder b) eine Beeinträchtigung der männlichen oder weiblichen Fortpflanzungsfunktionen oder -fähigkeit zur Folge haben können (fruchtbarkeitsgefährdend)
–	erbgutverändernd	wenn sie bei Einatmen, Verschlucken oder Aufnahme über die Haut vererbbare genetische Schäden zur Folge haben oder deren Häufigkeit erhöhen können
N	umweltgefährlich	wenn sie selbst oder ihre Umwandlungsprodukte geeignet sind, die Beschaffenheit des Naturhaushalts, von Wasser, Boden oder Luft, Klima, Tieren, Pflanzen oder Mikroorganismen derart zu verändern, dass dadurch sofort oder später Gefahren für die Umwelt herbeigeführt werden können

Nur Fluide mit den in Artikel 9 Absatz 2 der Druckgeräterichtlinie genannten Eigenschaften mit den Gefährlichkeitsmerkmalen nach der Gefahrstoffrichtlinie 67/548/EWG sind in die Fluidgruppe 1 einzustufen. Der Einstufung nach Anhang VI der letzten Fassung der Richtlinie 67/548/EWG entsprechend tragen sie mindestens zusätzlich eine der folgenden Gefahrenkennzeichnungen:

Explosionsgefährlich E + R 2, R 3

Hochentzündlich F+ + R 12

Leichtentzündlich	F +	R 11, R 15, R 17
Sehr giftig	T+ +	R 26, R 27, R 28, R 39
Giftig	T +	R 23, R 24, R 25, R 39, R 48
Brandfördernd	O +	R 7, R 8, R 9

Die in der Gefahrstoffrichtlinie genannten Risikomerkmale bedeuten:

R 2 durch Schlag, Reibung, Feuer und andere Zündquellen explosionsgefährlich

R 3 durch Schlag, Reibung, Feuer und andere Zündquellen besonders explosionsgefährlich

R 7 kann Brand verursachen [organische Peroxide, die brennbar sind, auch wenn sie nicht mit anderen brennbaren Materialien in Berührung kommen]

R 8 Feuergefahr bei Berührung mit brennbaren Stoffen [sonstige brandfördernde Stoffe und Zubereitungen einschließlich anorganischer Peroxide, die bei Berührung mit brennbaren Materialien diese entzünden können oder die Feuergefahr vergrößern]

R 9 Explosionsgefahr bei Mischung mit brennbaren Stoffen [sonstige Stoffe und Zubereitungen einschließlich anorganischer Peroxide, die explosionsgefährlich werden, wenn sie mit brennbaren Materialien gemischt werden, z.B. bestimmte Chlorate]

R 10 entzündlich

R 11 leichtentzündlich [feste Stoffe oder Zubereitungen, die durch kurzzeitige Einwirkung einer Zündquelle leicht entzündet werden können und nach deren Entfernung weiterbrennen oder weiterglimmen; flüssige Stoffe und Zubereitungen, die einen Flammpunkt unter 21 °C haben, aber nicht hochentzündlich sind]

R 12 hochentzündlich [flüssige Stoffe und Zubereitungen, die einen Flammpunkt unter 0 °C und einen Siedepunkt (oder bei einem Siedebereich einen Siedebeginn) von höchstens 35 °C haben; gasförmige Stoffe und Zubereitungen, die bei gewöhnlicher Temperatur und normalem Druck bei Luftkontakt entzündlich sind]

R 15 reagiert mit Wasser unter Bildung leicht entzündlicher Gase [Stoffe und Zubereitungen, die bei Berührung mit Wasser oder feuchter Luft hochentzündliche Gase in gefährlichen Mengen entwickeln (Mindestmenge 1 l/kg/h)]

R 17 selbstentzündlich an der Luft [Stoffe und Zubereitungen, die sich bei gewöhnlicher Temperatur an der Luft ohne Energiezufuhr erhitzen und schließlich entzünden können]

R 23 giftig beim Einatmen

R 24 giftig bei Berührung mit der Haut

R 25 giftig beim Verschlucken

R 26 sehr giftig beim Einatmen

R 27 sehr giftig bei Berührung mit der Haut

R 28 sehr giftig beim Verschlucken

R 34 verursacht Verätzungen

R 35 verursacht schwere Verätzungen

R 39 ernste Gefahr irreversiblen Schadens

R 48 Gefahr ernster Gesundheitsschäden bei längerer Exposition

11.2 Fluidgruppen der Richtlinie 2014/68/EU

Die Eingruppierung der Fluide auf Basis der neuen Europäischen Gefahrstoffverordnung wird in der RL 2014/68/EU im Artikel 13 geregelt.

Zum Hintergrund der Anpassung des jetzigen Artikels 13 (vorher Artikel 9) ein paar Worte. Die alte Europäische Gefahrstoffrichtlinie 67/548/EG wurde durch die CLP-Verordnung Nr. 1272/2008 ersetzt. CLP steht für Regulation on **C**lassification, **L**abelling and **P**ackaging of Chemicals, Verordnung über Einstufung, Kennzeichnung und Verpackung von Stoffen und Gemischen. Sie ist seit dem 20. Januar 2009 in Kraft. Ziel war die Änderung und Aufhebung der Richtlinie 67/548/EWG (Gefahrstoff-RL) und der Richtlinie 1999/45/EG (Zubereitungs-RL) sowie die Änderung der Verordnung 1907/2006/EG vom 18. Dezember 2006 (Richtlinie zur Registrierung, Bewertung, Zulassung und Beschränkung chemischer Stoffe (REACH)), die Schaffung einer Europäischen Chemikalienagentur, die Änderung der Richtlinie 1999/45/EG und zur Aufhebung der Verordnung (EWG) Nr. 793/93 des Rates, der Verordnung (EG) Nr. 1488/94 der Kommission, der Richtlinie 76/769/EWG des Rates sowie der Richtlinien 91/155/EWG, 93/67/EWG, 93/105/EG und 2000/21/EG der Kommission). In der neuen Europäischen Gefahrstoffverordnung hat sich damit auch die Eingruppierung einiger Stoffe geändert.

Allgemein konnte die neue CLP-Verordnung bereits angewendet werden. Für Stoffe wurde die GHS/CLP-Kennzeichnung ab dem 1. Dezember 2010 verbindlich. Für Zubereitungen, die jetzt unter GHS als Gemische bezeichnet werden, gilt die Verordnung verbindlich ab dem 1. Juni 2015. Für die bisherige RL 97/23/EG ergab sich damit die Verpflichtung, den Bezug zur neuen Gefahrstoffrichtlinie zu diesem Stichtag hin herzustellen.

Bis zum 1. Juni 2015 musste im Sicherheitsdatenblatt auch die alte Einstufung angegeben werden, eine Doppelkennzeichnung auf dem Etikett ist nicht zulässig. Zur Visualisierung der Gefahren lösen 9 neue Gefahrenpiktogramme die alten Gefahrensymbole ab. Neu im Vergleich zu den alten Gefahrensymbolen sind die Gasflasche, das Ausrufezeichen und die Gesundheitsgefahr. Zusätzlich zu den Piktogrammen wird mit einem von zwei möglichen Signalwörtern der potentielle Gefährdungsgrad beschrieben: „Gefahr“ oder „Achtung“. Die neuen Gefahrenhinweise, H-Hinweise (hazard statements), lösen die alten R-Sätze ab; die neuen Sicherheitshinweise, P-Hinweise (precautionary statements), ersetzen die alten S-Sätze.

Die RL 2014/68/EU nutzt weiterhin die Einteilung der Fluide in zwei Gruppen. Jedoch erfolgt die Zuordnung des Fluids jetzt nach der Europäischen Gefahrstoffverordnung.

- Fluidgruppe 1: besteht aus Stoffen und Gemischen gemäß den Definitionen in Artikel 2 Nummern 7 und 8 der Verordnung (EG) Nr. 1272/2008, welche entsprechend den folgenden Klassen physikalischer Gefahren oder Gesundheitsgefahren nach Anhang I Teile 2 und 3 der genannten Verordnung als gefährlich eingestuft sind:
  1) instabile explosive Stoffe/Gemische oder explosive Stoffe/Gemische der Unterklassen 1.1, 1.2, 1.3, 1.4 und 1.5;
  2) entzündbare Gase der Kategorien 1 und 2;
  3) oxidierende Gase der Kategorie 1;
  4) entzündbare Flüssigkeiten der Kategorien 1 und 2;
  5) entzündbare Flüssigkeiten der Kategorie 3, wenn die maximal zulässige Temperatur über dem Flammpunkt liegt;
  6) entzündbare Feststoffe der Kategorien 1 und 2;
  7) selbstzersetzliche Stoffe und Gemische der Typen A bis F;
  8) pyrophore Flüssigkeiten der Kategorie 1;
  9) pyrophore Feststoffe der Kategorie 1;
  10) Stoffe und Gemische, die in Berührung mit Wasser entzündbare Gase entwickeln, der Kategorien 1, 2 und 3;
  11) oxidierende Flüssigkeiten der Kategorien 1, 2 und 3;
  12) oxidierende Feststoffe der Kategorien 1, 2 und 3;

13) organische Peroxide der Typen A bis F;
14) akute orale Toxizität, Kategorien 1 und 2;
15) akute dermale Toxizität, Kategorien 1 und 2;
16) akute inhalative Toxizität, Kategorien 1, 2 und 3;
17) spezifische Zielorgan-Toxizität – einmalige Exposition, Kategorie 1.
18) Zudem umfasst Gruppe 1 in Druckgeräten enthaltene Stoffe und Gemische, deren maximal zulässige Temperatur TS über dem Flammpunkt des Fluids liegt.

- Fluidgruppe 2: Fluide, die aus nicht genannten Stoffen und Gemischen der Fluidgruppe 1 bestehen.

11.3 Hilfen für die Eingruppierung von Fluiden

Hinweise für die Einstufung der für das Druckgerät vorgesehenen Stoffe bieten auch die Datensicherheitsblätter. Hier sind sowohl die H-Hinweise (hazard statements) als auch die P-Hinweise (precautionary statements) aufgeführt, wie auch Hinweise auf den sachgerechten Umgang mit den Stoffen. Falls es z. B. zu Berührungen mit dem Stoff kommt, sind hier auch „ärztliche" Hinweise zu finden. Gerade diese Hinweise können bei der Erstellung der Betriebsanleitung genutzt werden.

Die Gefahrstoffdatenbank der Software „PED V 6.5.0" bietet ebenfalls ein Werkzeug mit der Auflistung und Einstufung von mehr als 3 000 Stoffen. Diese Datenbank muss jedoch noch auf die neue Gefahrstoffverordnung umgestellt werden.

Eine weitere Fundquelle zur Einstufung von Fluiden liefert die Internetseite www.gefahrstoff-info.de der Fachgruppe Gefahrstoffdatenbank der Länder (GDL). Hier stellt die GDL den Nutzern umfassende Gefahrstoffinformationen zur Verfügung. Die Datenbank beinhaltet Informationen zu Reinstoffen, Stoffgruppen und Produkten, die im Vollzugsdienst der Arbeitsschutzbehörden anfallen. Neben Grunddaten wie Stoffnamen mit umfangreicher Synonymliste, Stoffregistriernummern, allgemeiner chemischer Charakterisierung und physikalisch-chemischen Eigenschaften liefert die GDL vor allem Daten aus aktuellen Vorschriften, Verordnungen und Gesetzen. Aus fachlicher Sicht sind alle von den Arbeitsschutzbehörden benötigten Informationen zu Stoffen aus den zurzeit relevanten Rechtsnormen in aktuellem Stand enthalten.

Der GDL-Datenbestand enthält ca. 115 000 Stoffeinträge, davon ca. 11 000 Zubereitungen und ca. 200 Stoffklassen mit bis zu 200 Einzelmerkmalen pro Datensatz.

Generell gilt, befinden sich unterschiedliche Fluide in einem Druckgerät, so erfolgt die Einstufung nach jenem Fluid, welches die höchste Fluidgruppe, also Gruppe 1, erfordert.

Für Hersteller des chemischen Rohrleitungsbaus ist die Eingruppierung in Fluidgruppe 1 oder 2 nicht immer einfach, denn bei vielen Anwendungen oder Substanzen ist – sogar wenn zu den vorgesehenen Fluiden ausführliche Dokumentationen vorliegen – nicht auf den ersten Blick ersichtlich, in welche der beiden Fluidgruppen ein Medium fällt. Aber gerade diese Klassifizierung ist in hohem Maße entscheidend für das anzuwendende Diagramm und damit für die Einteilung der Druckgeräte innerhalb der Druckgeräterichtlinie.

Die Europäische Kommission hat diese Problematik frühzeitig erkannt und versucht, mithilfe der beiden Leitlinien B-07 und B-20 das Thema „Fluidklassifizierung“ ausführlicher zu beleuchten: Während Leitlinie B-07 die verschiedenen chemischen Gefahrenkriterien mit den sogenannten R-Sätzen in Korrelation bringt (also die Angaben in den chemischen Datenblättern der jeweiligen Fluide mit den genannten Gefahrenkriterien wie „giftig“, „brandfördernd“ etc. in Verbindung setzt), erläutert Leitlinie B-20 die noch komplexere Betrachtungsweise des Gefahrenkriteriums „entzündlich“.

12 Bestimmung des Aggregatzustandes

Ausgehend davon, dass ein Fluid im gasförmigen Zustand unter Druck ein höheres Gefahrenpotential in sich birgt als im flüssigen Zustand, ist für das vorliegende Fluid zu bestimmen, ob der Dampfdruck bei der zulässigen maximalen Temperatur in dem Druckgerät um mehr als 0,5 bar oder höchstens 0,5 bar oberhalb des normalen Atmosphärendruckes von 1,013 mbar liegt.

Für einen Dampfdruck bei maximal zulässiger Temperatur um mehr als 0,5 bar oberhalb des Atmosphärendruckes wird das Fluid als Gas behandelt und entsprechend seiner Fluidgruppe für Behälter in Diagramm 1 oder 2 der Druckgeräterichtlinie, für Rohrleitungen in Diagramm 6 oder 7 eingestuft. Liegt der Dampfdruck bei maximal zulässiger Temperatur höchstens 0,5 bar über dem normalen Atmosphärendruck, kommen für Behälter die Diagramme 3 und 4, für Rohrleitungen die Diagramme 8 und 9 je nach Fluidgruppe zur Anwendung.

Für die Bestimmung des Dampfdruckes ist die im Internet kostenlos unter www.dampfdruck.de herunterzuladende Shareware „Dampfdruck“ empfehlenswert. Aus einer Vielzahl von Einzelstoffen (700 Flüssigkeiten, 130 wässrige Lösungen) und 2-Stoff-Gemischen in unterschiedlicher Gewichtung lässt sich für beliebige Temperaturen der jeweilige Dampfdruck tabellarisch ermitteln und graphisch darstellen.

Falls in einem Druckgerät sowohl Flüssigkeiten als auch Gase zu einem bestimmten Betriebszeitpunkt vorkommen können, so ist die Einstufung nach dem höheren Gefahrenpotential, also dem gasgefüllten Gesamtvolumen vorzunehmen.

13 Konformitätsbewertungsverfahren

13.1 Bestimmung der Kategorie

Die Europäische Richtlinie sieht vor, jedes Druckgerät bezogen auf die von ihm ausgehende Gefährdungsmöglichkeit in Bezug auf Druck zu bewerten. Je höher der Druck in Kombination mit dem Durchmesser einer Rohrleitung bzw. mit dem Volumen eines Behälters ist, desto größer ist die mögliche Gefährdung anzusehen.

Unter dem Konformitätsbewertungsverfahren versteht man in diesem Abschnitt die Bewertung des vorliegenden Druckgerätes, welche Gattung vorliegt (Rohrleitung, Behälter, Dampferzeuger, Ausrüstungsteil mit Sicherheitsfunktion, druckhaltendes Ausrüstungsteil) und dann die Eingruppierung in die zutreffende Kategorie in Abhängigkeit vom Fluid und dem Aggregatzustand.

Entsprechend der bereits festgelegten Bestimmung des Aggregatzustandes in Kombination mit der Fluidgruppe ergibt sich das entsprechende Diagramm aus dem Anhang II der RL 97/23/EG und aus dem unveränderten Anhang II der RL 2014/68/EU:

für Behälter	Diagramm 1, 2, 3 oder 4,
für Heißwasser-/Dampferzeuger	Diagramm 5,
für Rohrleitungen	Diagramm 6, 7, 8 oder 9.

Ausgehend von den Auslegungsdaten für die Rohrleitung wird aus dem maximal zulässigen Druck (PS) in bar und der Nennweite der Rohrleitung (DN) das Produkt „PS × DN“ ermittelt. Für einen Behälter wird entsprechend das Produkt aus dem maximal zulässigen Druck (PS) in bar und dem Volumen (V) des Behälters (Liter) das Produkt „PS × V“ gebildet.

In der Richtlinie wird der Begriff DN (definiert in Artikel 2 Absatz 11 für die Klassifizierung von Rohrsystemen oder zugehörigen Ausrüstungsteilen (vgl. Artikel 4 Buchstabe c) verwendet. Wie ist die Richtlinie für die Klassifizierung von Rohrerzeugnissen oder Ausrüstungsteilen zu verwenden, für die der Begriff DN nicht existiert (Kupferrohre, Plastikventile, Hohlprofile ...)?

Die Leitlinie A-02 klärt die Definition von DN wie folgt:

> „Fehlt DN in den Normen, ist davon auszugehen, dass DN dem Innendurchmesser in Millimetern für runde Erzeugnisse oder dem Durchmesser in Millimetern des gleichwertigen Strömungsprofils für nichtrunde Erzeugnisse entspricht. Für nichtrunde Rohrsysteme ist ein vergleichbarer Durchmesser aus dem vorhandenen Querschnitt zu bestimmen. Dieser vergleichbare Querschnitt ist als Grundlage für die Klassifizierung zu verwenden."

Für Behälter wird das Volumen „V" bei der Einstufung zu Grunde gelegt. Das Volumen eines Behälters erstreckt sich über das innere Volumen des Druckraumes einschließlich möglicher Stutzen bis zur ersten Verbindung. Die Volumina fest eingebauter innerer Teile sind dabei abzuziehen (Artikel 2 Absatz 10).

Innerhalb der nach den oben genannten Verfahren ermittelten Kategorie ist es nun dem Hersteller freigestellt, welches Modul bzw. Modulkombination er für die Auftragsabwicklung zur Herstellung z. B. seines Druckgerätes wählt. Es können auch Module der jeweils höheren Kategorie angewendet werden, jedoch keine Module einer geringeren Kategorie.

Mit den gewonnenen Kenntnissen über

- die Fluidgruppe,
- die maximal zulässige Temperatur (TS) zur Bestimmung des Aggregatzustandes,
- der Nennweite (DN),
- den maximal zulässigen Druck (PS),
- aus Bestimmung des Druck-Nennweiten-Produktes (PS × DN) bei Rohrleitungen bzw. Druck-Volumen-Produktes (PS × V) bei Behältern

wird dann im zugeordneten Diagramm anhand des Druck-Nennweiten-Wertes bzw. Druck-Volumen-Wertes die Zuordnung zu einer Kategorie getroffen. Bild 6 gibt diesen Ablauf noch einmal anschaulich für Rohrleitungen wieder.

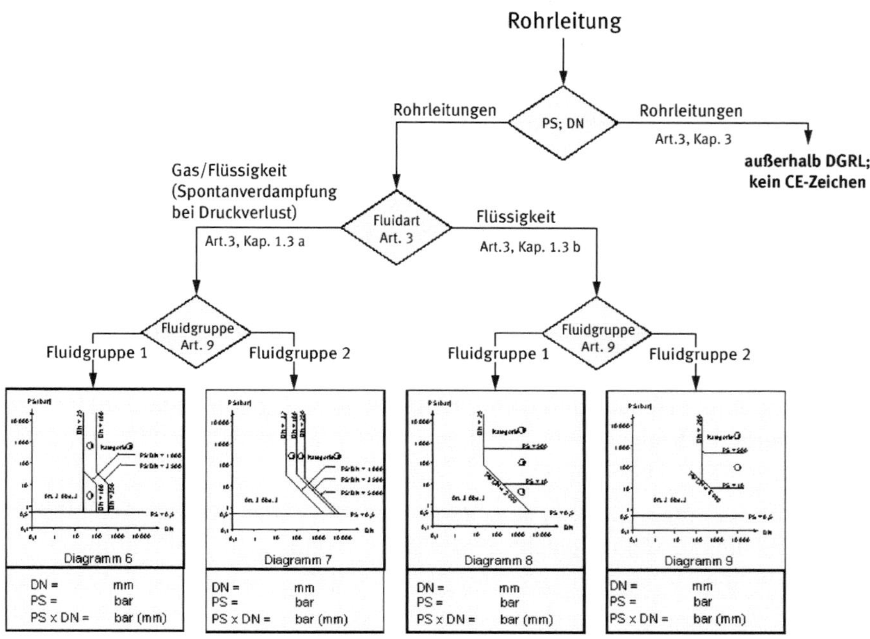

Bild 6: Ermittlung der Diagramme bei Einstufung einer Rohrleitung nach RL 2014/68/EU

Gleiches gilt für die Einstufung von Behältern analog dem Druck-Volumen-Produkt (PS × V) in den Diagrammen 1 bis 4 und für Dampfkessel im Diagramm 5.

Die Kriterien nach maximal zulässigem Druck, Nennweite und dem Druck-Nennweiten-Produkt für die Einstufung von Rohrleitungen, unterteilt nach Aggregatzustand (gasförmig oder flüssig) und dann nach Fluidgruppe (1 oder 2) innerhalb des zutreffenden Diagramms, sind in Tabelle 3 wiedergegeben.

Die Fußnoten haben dabei folgende Bedeutung:

[a] Gase: Gase, verflüssigte Gase, unter Druck gelöste Gase, Dämpfe und diejenigen Flüssigkeiten, deren Dampfdruck bei der maximal zulässigen Temperatur TS mehr als 0,5 bar über dem normalen Atmosphärendruck von 1,013 bar liegt.

[b] Rohrleitungen für instabile Gase, die in die Kategorie I oder II fallen, sind in Kategorie II einzustufen. Ein instabiles Gas ist Gas oder Dampf, bei dem mit einer spontanen und plötzlichen Umwandlung gerechnet werden muss.

[c] Rohrleitungen für Gase bei einer Temperatur TS über 350 °C, die aufgrund obiger Kriterien in Kategorie II eingestuft sind, müssen in Kategorie III eingestuft werden.

[d] Flüssigkeiten: Flüssigkeiten, deren Dampfdruck bei der maximal zulässigen Temperatur TS nicht mehr als 0,5 bar über dem normalen Atmosphärendruck von 1,013 bar liegt.

Gerade die Fußnote c gilt es zu beachten, wenn man eine Einstufung „von Hand" vornimmt; diese Fußnote macht ergänzende Vorgaben für Rohrleitungen für Gase für Temperaturen oberhalb von 350 °C, die dann in die höhere Kategorie III einzustufen sind.

Tabelle 3: Ermittlung der Kategorie bei Einstufung einer Rohrleitung (EN 13480-1)

Fluid	Fluid-gruppe	Dia-gramm	Kriterien	Kategorie
Gase[a]	1	6	PS > 0,5 bar und DN ≤ 25	Art. 4 Abs. 3
			PS > 0,5 bar und 25 < DN ≤ 100 und PS × DN ≤ 1 000 bar	I[b]
			PS > 0,5 bar und 100 < DN ≤ 350 und PS × DN ≤ 3 500 bar **oder** PS > 0,5 bar und 25 < DN ≤ 100 und PS × DN > 1 000 bar **oder** PS > 0,5 bar und 25 < DN ≤ 350 und 1 000 < PS × DN < 3 500 bar	II[b]

Fluid	Fluid-gruppe	Dia-gramm	Kriterien	Kategorie
Gase[a]	1	6	PS > 0,5 bar und DN > 350 **oder** PS > 0,5 bar und DN > 100 und PS × DN > 3 500 bar	III
	2	7	PS > 0,5 bar und DN ≤ 32 **oder** PS > 0,5 bar und PS × DN ≤ 1 000 bar	Art. 4 Abs. 3
			PS > 0,5 bar und DN > 32 und 1 000 < PS × DN < 3 500 bar **oder** 32 < DN < 100 und PS × DN > 1 000 bar	I
			PS > 0,5 bar und DN > 250 und 3 500 < PS × DN < 5 000 bar **oder** 100 < DN < 250 und PS × DN > 3 500 bar	II[c]
			PS > 0,5 bar und DN > 250 und PS × DN > 5 000 bar	III
	1 + 2	–	PS ≤ 0,5 bar	außerhalb DGRL
Flüssig-keiten[d]	1	8	PS > 0,5 bar und DN ≤ 25 **oder** PS > 0,5 bar und PS × DN ≤ 2 000 bar	Art. 4 Abs. 3
			0,5 bar < PS ≤ 10 bar und PS × DN > 2 000 bar	I
			10 bar < PS ≤ 500 bar und DN > 25 und PS × DN > 2 000 bar	II
			PS > 500 bar und DN > 25	III
Flüssig-keiten[d]	2	9	0,5 bar < PS > 10 bar **oder** PS > 0,5 bar DN ≤ 200 **oder** PS > 0,5 bar und PS × DN ≤ 5 000 bar	Art. 4 Abs. 3
			10 bar < PS ≤ 500 bar und DN > 200 und PS × DN > 5 000 bar	I
			PS > 500 bar und DN > 200	II
	1 + 2	–	PS ≤ 0,5 bar	außerhalb DGRL

13.2 Auswahl der Module

Im zweiten Schritt gehört zum Konformitätsbewertungsverfahren die Festlegung innerhalb der bestimmten Kategorie, welches Modul bzw. welche Modulkombination vom Hersteller gewählt wird. Mit diesem modularen Ansatz, nach welchem alle neuen Richtlinien verfasst sind, ist es dem Hersteller überlassen, für welchen Weg er sich entscheidet.

Er kann als zertifizierter Hersteller im Sinne der Druckgeräterichtlinie auftreten oder, wie gewohnt, nach dem Vier-Augen-Prinzip zusammen mit der Benannten Stelle seinen Auftrag abwickeln.

Es gilt eine Gleichwertigkeit der Module innerhalb einer Kategorie; ein zertifizierter Hersteller ist gleichwertig zu sehen wie ein Hersteller, der Aufträge nach dem Vier-Augen-Prinzip mit einer Notifizierten Stelle abwickelt.

In den verschiedenen Kategorien sind die aufgeführten Module bzw. Modulkombinationen anzuwenden. Hierbei entsprechen die römischen Ziffern in den Diagrammen den Kategorien und ergeben die möglichen Module bzw. Modulkombinationen nach RL 97/23/EG:

I = Modul A,

II = Module A1, D1, E1,

III = Module B1 + D, B1 + F, B + E, B + C1, H,

IV = Module B + D, B + F, G, H1.

Mit der Veröffentlichung der neuen RL 2014/68/EU wurden die Module einer redaktionellen Anpassung unterzogen, um eine einheitliche Modulstruktur über alle New Approach-Richtlinien hinweg zu erhalten (Module gleicher Bezeichnung sollten in jeder Richtlinie die gleichen Elemente enthalten). Unter anderem wurden die bisher bekannten Module A1 und C1 in Module A2 und C2 umbenannt sowie die Module B und B1 in B (Entwurfsmuster) (anstelle von B1) und B (Baumuster) (anstelle von B) umbenannt. Auch die Inhalte der Module wurden teilweise neu gegliedert, sodass es im Einzelfall – trotz des Kommissions-Vorsatzes, keine praktischen Änderungen einzuführen – notwendig sein kann, die Inhalte der gewählten Module mit den bisherigen Beschreibungen zu vergleichen:

I = Modul A,

II = Module A2, D1, E1,

III = Module B (Entwurfsmuster) + D, B (Entwurfsmuster) + F, B (Baumuster) + E, B (Baumuster) + C2, H,

IV = Module B (Baumuster) + D, B (Baumuster) + F, G, H1.

In der Modulstruktur wird unterschieden, ob ein Hersteller ein druckgerätespezifisches Qualitätssicherungssystem, bezogen auf Entwurf, Herstellung oder Prüfung, unterhält. Darüber hinaus wird unterschieden, ob er eine Serienfertigung von Druckgeräten betreibt oder ob er eine Einzelfertigung anstrebt.

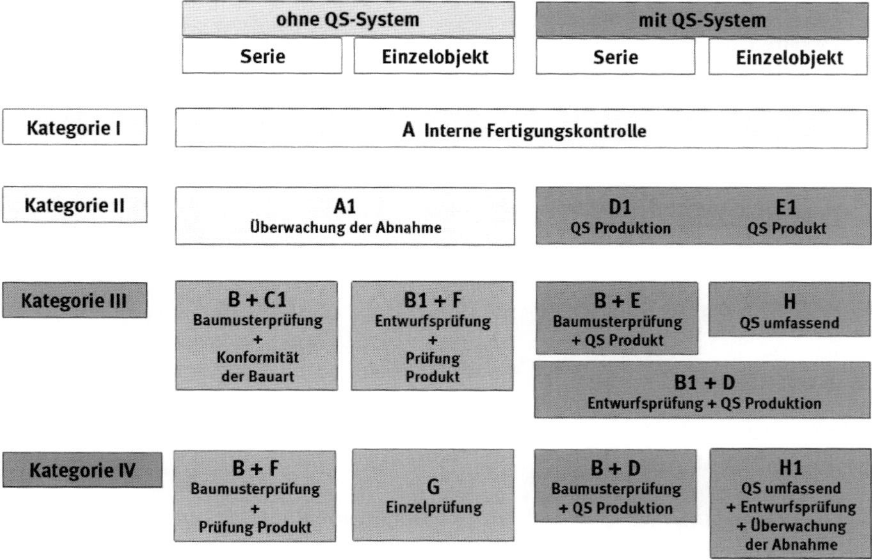

Bild 7a: Kategorien mit möglichen Modulen bzw. Modulkombinationen nach RL 97/23/EG

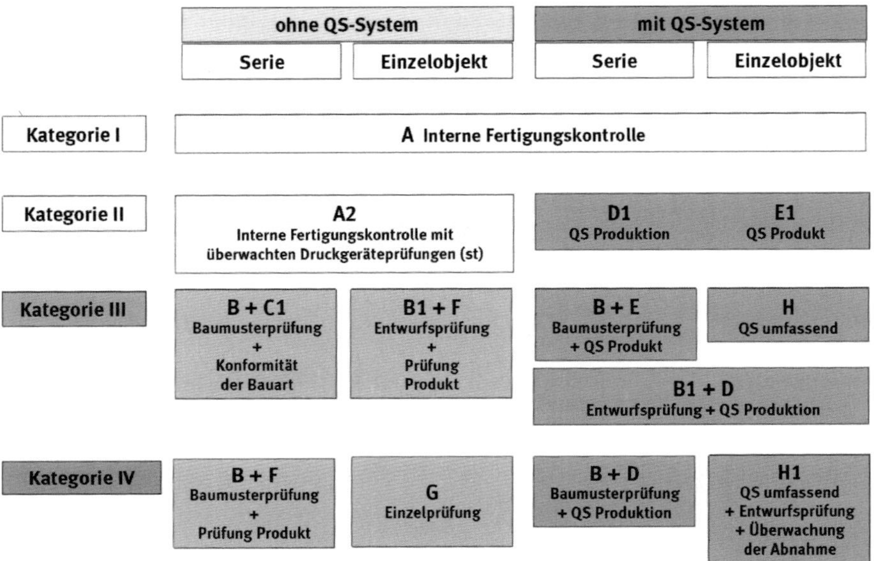

Bild 7b: Kategorien mit möglichen Modulen bzw. Modulkombinationen nach RL 2014/68/EU

Nachstehend sind zwei Beispiele von Rohdaten von Rohrleitungen und gefundenen Parametern für die Eingruppierung aus dem Kraftwerks- und dem Chemierohrleitungsbau wiedergegeben.

Tabelle 4: Beispiel der Eingruppierung einer Frischdampfleitung nach RL 2014/68/EU

Frischdampfleitung in einem Kraftwerk, Medium überhitzter Wasserdampf, mit 505 °C und 112 bar:

Art des Druckgerätes	Rohrleitung
Fluid	Wasser
maximal zulässiger Druck (PS)	112 bar
maximal zulässige Temperatur (TS)	505 °C
Abmessung	∅ 175 li × 27 MdWd.
Nennweite	DN 250

Stoffeigenschaft	weniger gefährlich, keine Merkmale aus V 1272/2008
Fluidgruppe	2
Aggregatzustand	Gas
Dampfdruck bei TS	≫ 225 bar (abs.) p > 0,5 bar
Diagramm	7
Kategorie	III
Modul	B (Entwurfsmuster) + F

Tabelle 5: Beispiel der Eingruppierung einer Chemierohrleitung nach RL 2014/68/EU

Chemierohrleitung für 1-Butanol, ein mittelflüchtiges, farbloses, niederviskoses Lösemittel, wird von der Lackindustrie als Lösemittel für Lackzubereitungen verwendet, mit 165 °C und 15 bar:

Art des Druckgerät	Rohrleitung
Fluid	1-Butanol
maximal zulässiger Druck (PS)	15 bar
maximal zulässige Temperatur (TS)	165 °C
Abmessung	∅ 88,9 ä × 8,8 Wd.
Nennweite	DN 80
Stoffeigenschaft	entzündbare Flüssigkeiten der Kategorie 3, wenn die maximal zulässige Temperatur über dem Flammpunkt liegt. Flammpunkt 1-Butanol 35 °C
Fluidgruppe	1, (weil Flammpunkt über TS liegt)
Aggregatzustand	Gas
Dampfdruck bei TS	4,251 bar (abs.) = 3,251 bar (ü) p > 0,5 bar
Diagramm	6
Kategorie	II
Modul	A2

Im Rohrleitungsbau wurden im Wesentlichen die Module/die Modulkombinationen A, A1, B1 + F und G angewendet. In jedem Modul sind die Aufgaben und Tätigkeiten für den Hersteller und für die notifizierte Stelle beschrieben. Mit steigender Kategorie nehmen die Einbindung der Benannten Stelle und deren Überwachungsaktivität zu.

Im Folgenden werden die Module aus der RL 2014/68/EU Anhang III für den nicht-zertifizierten Hersteller bzw. die Einzelfertigung beschrieben. Die hier genannten Module sind diejenigen, welche im Rohrleitungsbau vorzugsweise zur Verwendung kommen. Zu Beginn jeder Kategoriebestimmung wird noch auf wesentliche Besonderheiten im Hinblick auf die mögliche Einbindung von notifizierten Stellen hingewiesen.

Kategorie I

Hier werden die druckbedingten Gefahren als so gering betrachtet, dass die Einbindung einer notifizierten Stelle nicht erforderlich ist. Der Hersteller arbeitet eigenverantwortlich.

Modul A Interne Fertigungskontrolle

1. Bei der internen Fertigungskontrolle handelt es sich um das Konformitätsbewertungsverfahren, mit dem der Hersteller die in den Nummern 2, 3 und 4 genannten Pflichten erfüllt sowie gewährleistet und auf eigene Verantwortung erklärt, dass die betreffenden Produkte den auf sie anwendbaren Anforderungen der Rechtsvorschrift genügen.

2. Technische Unterlagen

Der Hersteller erstellt die technischen Unterlagen. Anhand dieser Unterlagen muss es möglich sein, die Übereinstimmung des Druckgeräts mit den es betreffenden Anforderungen zu bewerten; sie müssen eine geeignete Risikoanalyse und -bewertung enthalten. In den technischen Unterlagen sind die anwendbaren Anforderungen aufzuführen und der Entwurf, die Herstellung und der Betrieb des Druckgeräts zu erfassen, soweit sie für die Bewertung von Belang sind. Die technischen Unterlagen enthalten gegebenenfalls zumindest folgende Elemente:

- eine allgemeine Beschreibung des Druckgeräts;
- Entwürfe, Fertigungszeichnungen und -pläne von Bauteilen, Unterbaugruppen, Schaltkreisen usw.;
- Beschreibungen und Erläuterungen, die zum Verständnis dieser Zeichnungen und Pläne sowie der Funktionsweise des Druckgeräts erforderlich sind;

- eine Aufstellung, welche harmonisierten Normen, deren Fundstellen im Amtsblatt der Europäischen Union veröffentlicht wurden, vollständig oder in Teilen angewandt worden sind, und eine Beschreibung, mit welchen Lösungen die wesentlichen Sicherheitsanforderungen dieser Richtlinie in den Punkten erfüllt wurden, in denen diese harmonisierten Normen nicht angewandt wurden; im Fall von teilweise angewandten harmonisierten Normen werden die Teile, die angewandt wurden, in den technischen Unterlagen angegeben;
- die Ergebnisse der Konstruktionsberechnungen, Prüfungen usw.;
- die Prüfberichte.

3. Herstellung

Der Hersteller trifft alle erforderlichen Maßnahmen, damit das Fertigungsverfahren und seine Überwachung die Übereinstimmung der gefertigten Druckgeräte mit den in Nummer 2 genannten technischen Unterlagen und mit den Anforderungen dieser Richtlinie gewährleisten.

4. CE-Kennzeichnung und EU-Konformitätserklärung

4.1 Der Hersteller bringt an jedem einzelnen Druckgerät, das die anwendbaren Anforderungen dieser Richtlinie erfüllt, die CE-Kennzeichnung an.

4.2 Der Hersteller stellt für ein Modell des Druckgeräts eine schriftliche EU-Konformitätserklärung aus und hält sie zusammen mit den technischen Unterlagen nach dem Inverkehrbringen des Druckgeräts zehn Jahre lang für die nationalen Behörden bereit. Aus der EU-Konformitätserklärung muss hervorgehen, für welches Druckgerät sie ausgestellt wurde. Ein Exemplar der EU-Konformitätserklärung wird den zuständigen Behörden auf Verlangen zur Verfügung gestellt.

5. Bevollmächtigter

Die in Nummer 4 genannten Pflichten des Herstellers können von seinem Bevollmächtigten in seinem Auftrag und unter seiner Verantwortung erfüllt werden, falls sie im Auftrag festgelegt sind.

Kategorie II

Die druckbedingten Gefahren werden als so gering angesehen, dass die Überwachung einer notifizierten Stelle nur sporadisch erfolgen muss. Der Hersteller schließt mit einer notifizierten Stelle eine Art Überwachungsvertrag, in dem geregelt ist, dass er die notifizierte Stelle über Auftragsaktivitäten informiert, die Rohrleitungen, eingruppiert in Kategorie II, betreffen. Die notifizierte Stelle entscheidet selbst, inwieweit sie die Abnahme des Herstellers durch spontane Besuche überwacht.

Modul A2 Interne Fertigungskontrolle mit überwachten Druckgeräteprüfungen in unregelmäßigen Abständen

1. Bei der internen Fertigungskontrolle mit Abnahme durch den Hersteller mit überwachten Druckgeräteprüfungen in unregelmäßigen Abständen handelt es sich um das Konformitätsbewertungsverfahren, mit dem der Hersteller die in den Nummern 2, 3, 4 und 5 genannten Pflichten erfüllt sowie gewährleistet und auf eigene Verantwortung erklärt, dass das betreffende Druckgerät den Anforderungen dieser Richtlinie genügt.

Zusätzlich zu den Anforderungen des Moduls A gilt Folgendes:

4. Abnahme und Druckgeräteprüfungen

Der Hersteller nimmt eine Abnahme der Druckgeräte vor, die einer Überwachung in Form unangemeldeter Besuche durch die vom Hersteller ausgewählte notifizierte Stelle unterliegt.

Die notifizierte Stelle führt in von ihr festgelegten unregelmäßigen Abständen die Produktprüfungen durch bzw. lässt sie durchführen, um die Qualität der internen Prüfungen der Druckgeräte zu überprüfen, wobei sie unter anderem der technischen Komplexität der Druckgeräte und der Produktionsmenge Rechnung trägt.

Bei diesen Besuchen muss die notifizierte Stelle

- sich vergewissern, dass der Hersteller die Abnahme gemäß Anhang I Nummer 3.2 tatsächlich durchführt;
- in den Fertigungs- oder Lagerstätten Druckgeräte zu Kontrollzwecken entnehmen. Die notifizierte Stelle entscheidet über die Anzahl der zu entnehmenden Druckgeräte sowie darüber, ob es erforderlich ist, an diesen entnommenen Druckgeräten die Abnahme ganz oder teilweise durchzuführen oder durchführen zu lassen.

Mit diesem Stichprobenverfahren soll ermittelt werden, ob sich der Fertigungsprozess der Druckgeräte innerhalb annehmbarer Grenzen bewegt, um die Konformität der Druckgeräte zu gewährleisten.

Bei Nichtkonformität eines oder mehrerer Druckgeräte ergreift die notifizierte Stelle die geeigneten Maßnahmen.

Der Hersteller bringt unter der Verantwortung der notifizierten Stelle deren Kennnummer während des Fertigungsprozesses an.

Kategorie III

In dieser Kategorie wird für den betrachteten Anwendungsfall (Einstufung ohne QM-System) eine Kombination aus zwei einzelnen Modulen angewendet. Das Modul B (Entwurfsprüfung) behandelt die Phase der Konstruktion eines Druckgerätes, das Modul F befasst sich mit der Herstellungsphase. Beide Module sind unabhängig voneinander, je Modul wird eine eigene notifizierte Stelle vom Hersteller beauftragt. Daher endet das Modul B (Entwurfsprüfung) mit einer EU-Entwurfsprüfbescheinigung. Es kann aber durchaus sein, dass die gleiche notifizierte Stelle sowohl für B1 als auch für F beauftragt wird.

Modul B EU-Baumusterprüfung (Entwurfsmuster)

1. Bei der EU-Baumusterprüfung (Entwurfsmuster) handelt es sich um den Teil eines Konformitätsbewertungsverfahrens, bei dem eine notifizierte Stelle den technischen Entwurf eines Druckgeräts untersucht und prüft und bescheinigt, dass er die Anforderungen dieser Richtlinie erfüllt.

2. Die EU-Baumusterprüfung (Entwurfsmuster) besteht aus einer Bewertung der Angemessenheit des technischen Entwurfs des Druckgeräts anhand einer Prüfung der in Nummer 3 genannten technischen Unterlagen und zusätzlichen Nachweisen ohne Prüfung eines Musters.

Die experimentelle Auslegungsmethode gemäß Anhang I Nummer 2.2.4 darf im Rahmen dieses Moduls nicht verwendet werden.

3. Der Antrag auf EU-Baumusterprüfung (Entwurfsmuster) ist vom Hersteller oder seinem in der Gemeinschaft ansässigen Bevollmächtigten bei einer notifizierten Stelle seiner Wahl einzureichen.

Der Antrag muss Folgendes enthalten:

- Name und Anschrift des Herstellers und, wenn der Antrag vom Bevollmächtigten eingereicht wird, auch dessen Name und Anschrift;
- eine schriftliche Erklärung, dass derselbe Antrag bei keiner anderen notifizierten Stelle eingereicht worden ist;
- die technischen Unterlagen.

Anhand dieser Unterlagen muss es möglich sein, die Übereinstimmung des Druckgeräts mit den anwendbaren Anforderungen der Richtlinie zu bewerten; sie müssen eine geeignete Risikoanalyse und -bewertung enthalten. In den technischen Unterlagen sind die anwendbaren Anforderungen aufzuführen und der Entwurf, die Herstellung und der Betrieb des Druckgeräts zu erfassen, soweit sie für die Bewertung von Belang sind. Die technischen Unterlagen enthalten gegebenenfalls zumindest folgende Elemente:

- eine allgemeine Beschreibung des Druckgeräts;

- Entwürfe, Fertigungszeichnungen und -pläne von Bauteilen, Unterbaugruppen, Schaltkreisen usw.;
- Beschreibungen und Erläuterungen, die zum Verständnis dieser Zeichnungen und Pläne sowie der Funktionsweise des Druckgeräts erforderlich sind;
- eine Aufstellung, welche harmonisierten Normen, deren Fundstellen im Amtsblatt der Europäischen Union veröffentlicht wurden, vollständig oder in Teilen angewandt worden sind, sowie eine Beschreibung, mit welchen Lösungen die wesentlichen Sicherheitsanforderungen dieser Richtlinie erfüllt worden sind, wenn die genannten harmonisierten Normen nicht angewandt wurden; im Fall von teilweise angewandten harmonisierten Normen werden die Teile, die angewandt wurden, in den technischen Unterlagen angegeben;
- die Ergebnisse der Konstruktionsberechnungen, Prüfungen usw.;
- Angaben zu den erforderlichen Qualifikationen oder Zulassungen gemäß Anhang I Nummern 3.1.2 und 3.1.3;
- die zusätzlichen Nachweise für die Eignung der für den Entwurf gewählten Lösungen. In diesen zusätzlichen Nachweisen müssen alle Unterlagen vermerkt sein, nach denen insbesondere dann vorgegangen worden ist, wenn die einschlägigen harmonisierten Normen nicht in vollem Umfang angewandt worden sind. Diese zusätzlichen Nachweise umfassen erforderlichenfalls die Ergebnisse von Prüfungen, die von einem geeigneten Labor des Herstellers oder von einem anderen Prüflabor in seinem Auftrag und unter seiner Verantwortung durchgeführt wurden.

Der Antrag kann sich auf mehrere Versionen eines Druckgeräts erstrecken, sofern die Unterschiede zwischen den verschiedenen Versionen das Sicherheitsniveau nicht beeinträchtigen.

4. Die notifizierte Stelle hat folgende Aufgaben:

4.1. Prüfung der technischen Unterlagen und zusätzlichen Nachweise, um zu bewerten, ob der technische Entwurf des Produkts angemessen ist. Die notifizierte Stelle hat dabei insbesondere folgende Aufgaben:

- Sie begutachtet die verwendeten Werkstoffe, wenn diese nicht den geltenden harmonisierten Normen oder einer europäischen Werkstoffzulassung für Druckgerätewerkstoffe entsprechen.
- Sie erteilt die Zulassung für die Arbeitsverfahren zur Ausführung dauerhafter Verbindungen oder überprüft, ob diese bereits gemäß Anhang I Nummer 3.1.2 zugelassen worden sind.

4.2. Durchführung der geeigneten Untersuchungen, um festzustellen, ob die Lösungen aus den einschlägigen harmonisierten Normen korrekt angewandt worden sind, sofern der Hersteller sich für ihre Anwendung entschieden hat;

4.3. Durchführung der geeigneten Untersuchungen, um festzustellen, ob die vom Hersteller gewählten Lösungen die entsprechenden wesentlichen Sicherheitsanforderungen der Richtlinie erfüllen, falls er die Lösungen aus den einschlägigen harmonisierten Normen nicht angewandt hat.

5. Die notifizierte Stelle erstellt einen Prüfungsbericht über die gemäß Nummer 4 durchgeführten Maßnahmen und die dabei erzielten Ergebnisse. Unbeschadet ihrer Pflichten gegenüber den notifizierenden Behörden veröffentlicht die notifizierte Stelle den Inhalt dieses Berichts oder Teile davon nur mit Zustimmung des Herstellers.

6. Entspricht der Entwurf den Anforderungen dieser Richtlinie, stellt die notifizierte Stelle dem Hersteller eine EU-Baumusterprüfbescheinigung (für Entwurfsmuster) aus. Unbeschadet der Nummer 7 muss diese Bescheinigung zehn Jahre lang gültig und verlängerbar sein, und sie muss den Namen und die Anschrift des Herstellers, die Ergebnisse der Prüfung, etwaige Bedingungen für ihre Gültigkeit und die erforderlichen Daten für die Identifizierung des zugelassenen Baumusters enthalten.

Eine Liste der wichtigsten technischen Unterlagen wird der Bescheinigung beigefügt und in einer Kopie von der notifizierten Stelle aufbewahrt.

Die Bescheinigung und ihre Anhänge enthalten alle zweckdienlichen Angaben, anhand deren sich die Übereinstimmung der hergestellten Druckgeräte mit dem geprüften Entwurfsmuster beurteilen und gegebenenfalls eine Kontrolle nach ihrer Inbetriebnahme durchführen lässt.

Entspricht der Entwurf nicht den anwendbaren Anforderungen dieser Richtlinie, verweigert die notifizierte Stelle die Ausstellung einer EU-Baumusterprüfbescheinigung (für Entwurfsmuster) und unterrichtet den Antragsteller darüber, wobei sie ihre Weigerung ausführlich begründet.

7. Die notifizierte Stelle hält sich über alle Änderungen des allgemein anerkannten Stands der Technik auf dem Laufenden; deuten sie darauf hin, dass der zugelassene Entwurf nicht mehr den anwendbaren Anforderungen dieser Richtlinie entspricht, entscheidet sie, ob diese Änderungen weitere Untersuchungen nötig machen. Ist dies der Fall, setzt die notifizierte Stelle den Hersteller davon in Kenntnis.

Der Hersteller unterrichtet die notifizierte Stelle, der die technischen Unterlagen zur EU-Baumusterprüfbescheinigung (für Entwurfsmuster) vorliegen, über alle Änderungen an dem zugelassenen Entwurf, die dessen Übereinstimmung mit den wesentlichen Sicherheitsanforderungen dieser Richtlinie oder den Bedingungen für die Gültigkeit der Bescheinigung beeinträchtigen können. Derartige Änderungen erfordern eine Zusatzgenehmigung in Form einer Ergänzung der ursprünglichen EU-Baumusterprüfbescheinigung (für Entwurfsmuster).

8. Jede notifizierte Stelle unterrichtet ihre notifizierenden Behörden über die EU-Baumusterprüfbescheinigungen (für Entwurfsmuster) und/oder etwaige Ergänzungen dazu, die sie ausgestellt oder zurückgenommen hat, und übermittelt ihren notifizierenden Behörden in regelmäßigen Abständen oder auf Verlangen eine Aufstellung aller Bescheinigungen und/oder Ergänzungen dazu, die sie verweigert, ausgesetzt oder auf andere Art eingeschränkt hat.

Jede notifizierte Stelle unterrichtet die übrigen notifizierten Stellen über die EU-Baumusterprüfbescheinigungen (für Entwurfsmuster) und/oder etwaige Ergänzungen dazu, die sie verweigert, zurückgenommen, ausgesetzt oder auf andere Weise eingeschränkt hat, und teilt ihnen, wenn sie dazu aufgefordert wird, alle von ihr ausgestellten Bescheinigungen und/oder Ergänzungen dazu mit.

Wenn sie dies verlangen, erhalten die Kommission, die Mitgliedstaaten und die anderen notifizierten Stellen eine Abschrift der EU-Baumusterprüfbescheinigungen (für Entwurfsmuster) und/oder ihrer Ergänzungen.

Wenn sie dies verlangen, erhalten die Kommission und die Mitgliedstaaten eine Abschrift der technischen Unterlagen und der Ergebnisse der durch die notifizierte Stelle vorgenommenen Prüfungen. Die notifizierte Stelle bewahrt ein Exemplar der EU-Baumusterprüfbescheinigung (für Entwurfsmuster), ihrer Anhänge und Ergänzungen sowie des technischen Dossiers einschließlich der vom Hersteller eingereichten Unterlagen so lange auf, bis die Gültigkeitsdauer der Bescheinigung endet.

9. Der Hersteller hält ein Exemplar der EU-Baumusterprüfbescheinigung (für Entwurfsmuster), ihrer Anhänge und Ergänzungen zusammen mit den technischen Unterlagen zehn Jahre lang nach dem Inverkehrbringen des Druckgeräts für die nationalen Behörden bereit.

10. Der Bevollmächtigte des Herstellers kann den in Nummer 3 genannten Antrag einreichen und die in den Nummern 7 und 9 genannten Pflichten erfüllen, falls sie im Auftrag festgelegt sind.

Modul F Konformität mit der Bauart auf der Grundlage einer Prüfung der Druckgeräte

1. Bei der Konformität mit der Bauart auf der Grundlage einer Prüfung der Produkte handelt es sich um den Teil eines Konformitätsbewertungsverfahrens, bei dem der Hersteller die in den Nummern 2 und 5 festgelegten Pflichten erfüllt sowie gewährleistet und auf eigene Verantwortung erklärt, dass die den Bestimmungen von Nummer 3 unterworfenen betroffenen Druckgeräte der in der EU-Baumusterprüfbescheinigung beschriebenen Bauart entsprechen und die auf sie anwendbaren Anforderungen dieser Richtlinie erfüllen.

2. Herstellung

Der Hersteller trifft alle erforderlichen Maßnahmen, damit der Fertigungsprozess und seine Überwachung die Übereinstimmung der hergestellten Produkte mit der in der EU-Baumusterprüfbescheinigung beschriebenen zugelassenen Bauart und mit den für sie geltenden Anforderungen dieser Richtlinie gewährleisten.

3. Überprüfung

Eine vom Hersteller gewählte notifizierte Stelle nimmt die entsprechenden Untersuchungen und Prüfungen vor, um die Übereinstimmung des Druckgeräts mit der in der EU-Baumusterprüfbescheinigung beschriebenen zugelassenen Bauart und den anwendbaren Anforderungen dieser Richtlinie zu überprüfen.

Die Untersuchungen und Prüfungen zur Kontrolle der Konformität der Druckgeräte mit den anwendbaren Anforderungen werden mittels Prüfung und Erprobung jedes einzelnen Produkts gemäß Nummer 4 durchgeführt.

4. Überprüfung der Konformität durch Prüfung und Erprobung jedes einzelnen Druckgeräts

4.1. Alle Druckgeräte werden einzeln untersucht und dabei geeigneten Prüfungen, wie sie in der (den) einschlägigen harmonisierten Norm(en) vorgesehen sind, oder gleichwertigen Prüfungen unterzogen, um ihre Übereinstimmung mit der in der EU-Baumusterprüfbescheinigung beschriebenen zugelassenen Bauart und mit den anwendbaren Anforderungen dieser Richtlinie zu überprüfen. In Ermangelung einer solchen harmonisierten Norm entscheidet die notifizierte Stelle darüber, welche Prüfungen durchgeführt werden.

Die notifizierte Stelle hat dabei insbesondere folgende Aufgaben:

- Sie überprüft, ob das Personal für die Ausführung der dauerhaften Verbindungen und die zerstörungsfreien Prüfungen gemäß Anhang I Nummern 3.1.2 und 3.1.3 qualifiziert oder zugelassen ist.

- Sie überprüft die vom Werkstoffhersteller gemäß Anhang I Nummer 4.3 ausgestellte Bescheinigung.
- Sie führt die Endabnahme und die Prüfungen gemäß Anhang I Nummer 3.2 durch oder lässt sie durchführen und prüft die etwaigen Sicherheitseinrichtungen.

4.2. Die notifizierte Stelle stellt auf der Grundlage dieser Untersuchungen und Prüfungen eine Konformitätsbescheinigung aus und bringt an jedem genehmigten Druckgerät ihre Kennnummer an oder lässt diese unter ihrer Verantwortung anbringen.

Der Hersteller hält die Konformitätsbescheinigungen nach dem Inverkehrbringen des Druckgeräts zehn Jahre lang für die nationalen Behörden zur Einsichtnahme bereit.

5. CE-Kennzeichnung und EU-Konformitätserklärung

5.1. Der Hersteller bringt an jedem einzelnen Druckgerät, das mit der in der EU-Baumusterprüfbescheinigung beschriebenen Bauart übereinstimmt und die anwendbaren Anforderungen dieser Richtlinie erfüllt, die CE-Kennzeichnung und – unter der Verantwortung der in Nummer 3 genannten notifizierten Stelle – deren Kennnummer an.

5.2. Der Hersteller stellt für jedes Modell eines Druckgeräts eine schriftliche EU-Konformitätserklärung aus und hält sie nach dem Inverkehrbringen des Druckgeräts zehn Jahre lang für die nationalen Behörden bereit. Aus der EU-Konformitätserklärung muss hervorgehen, für welches Druckgerät sie ausgestellt wurde. Ein Exemplar der EU-Konformitätserklärung wird den zuständigen Behörden auf Verlangen zur Verfügung gestellt. Stimmt die in Nummer 3 genannte notifizierte Stelle zu, kann der Hersteller unter ihrer Verantwortung auch ihre Kennnummer an den Druckgeräten anbringen.

6. Stimmt die notifizierte Stelle zu, kann der Hersteller unter ihrer Verantwortung ihre Kennnummer während des Fertigungsprozesses auf den Druckgeräten anbringen.

7. Bevollmächtigter

Die Pflichten des Herstellers können von seinem Bevollmächtigten in seinem Auftrag und unter seiner Verantwortung erfüllt werden, falls sie im Auftrag festgelegt sind. Ein Bevollmächtigter darf nicht die in Nummer 2 festgelegten Pflichten des Herstellers erfüllen.

Kategorie IV (nur für Druckbehälter und Dampfkessel anwendbar)

In dieser Kategorie wird ein durchgängiges Modul angewendet, das sich von der Prüfung des Entwurfes bis zur Einzelabnahme des Druckgerätes erstreckt. Hierzu wird vom Hersteller eine notifizierte Stelle beauftragt. Es ist der notifizierten Stelle dabei freigestellt, alle Aktivitäten selbst wahrzunehmen oder andere notifizierte Stellen in ihrem Namen damit zu beauftragen.

Modul G Konformität auf der Grundlage einer Einzelprüfung

1. Bei der Konformität auf der Grundlage einer Einzelprüfung handelt es sich um das Konformitätsbewertungsverfahren, mit dem der Hersteller die in den Nummern 2, 3 und 5 genannten Pflichten erfüllt sowie gewährleistet und auf eigene Verantwortung erklärt, dass das den Bestimmungen gemäß Nummer 4 unterworfene Druckgerät den anwendbaren Anforderungen dieser Richtlinie genügt.

2. Technische Unterlagen

Der Hersteller erstellt die technischen Unterlagen und stellt sie der in Nummer 4 genannten notifizierten Stelle zur Verfügung.

Anhand dieser Unterlagen muss es möglich sein, die Übereinstimmung des Druckgeräts mit den betreffenden Anforderungen zu bewerten; sie müssen eine geeignete Risikoanalyse und -bewertung enthalten. In den technischen Unterlagen sind die anwendbaren Anforderungen aufzuführen und der Entwurf, die Herstellung und der Betrieb des Druckgeräts zu erfassen, soweit sie für die Bewertung von Belang sind.

Die technischen Unterlagen enthalten gegebenenfalls zumindest folgende Elemente:

- eine allgemeine Beschreibung des Druckgeräts;
- Entwürfe, Fertigungszeichnungen und -pläne von Bauteilen, Unterbaugruppen, Schaltkreisen usw.;
- Beschreibungen und Erläuterungen, die zum Verständnis dieser Zeichnungen und Pläne sowie der Funktionsweise des Druckgeräts erforderlich sind;
- eine Aufstellung, welche harmonisierten Normen, deren Fundstellen im Amtsblatt der Europäischen Union veröffentlicht wurden, vollständig oder in Teilen angewandt worden sind, sowie eine Beschreibung, mit welchen Lösungen die wesentlichen Sicherheitsanforderungen dieser Richtlinie erfüllt worden sind, wenn die genannten harmonisierten Normen nicht angewandt wurden; im Fall von teilweise angewandten harmonisierten Normen werden die Teile, die angewandt wurden, in den technischen Unterlagen angegeben;

- die Ergebnisse der Konstruktionsberechnungen, Prüfungen usw.;
- Prüfberichte;
- angemessene Einzelangaben zur Zulassung der Fertigungs- und Kontrollverfahren und zur Qualifikation oder Zulassung des betreffenden Personals gemäß Anhang I Nummern 3.1.2 und 3.1.3.

Der Hersteller hält die technischen Unterlagen nach dem Inverkehrbringen des Druckgeräts zehn Jahre lang für die zuständigen nationalen Behörden bereit.

3. Herstellung

Der Hersteller ergreift alle erforderlichen Maßnahmen, damit der Fertigungsprozess und seine Überwachung die Konformität der hergestellten Druckgeräte mit den anwendbaren Anforderungen dieser Richtlinie gewährleisten.

4. Überprüfung

Eine vom Hersteller gewählte notifizierte Stelle führt die entsprechenden Untersuchungen und Prüfungen nach den einschlägigen harmonisierten Normen und/oder gleichwertige Prüfungen nach sonstigen einschlägigen technischen Spezifizierungen durch oder lässt sie durchführen, um die Konformität des Druckgeräts mit den anwendbaren Anforderungen dieser Richtlinie zu prüfen. In Ermangelung einer solchen harmonisierten Norm entscheidet die notifizierte Stelle darüber, welche Prüfungen unter Anwendung sonstiger technischer Spezifikationen durchgeführt werden.

Die notifizierte Stelle hat dabei insbesondere folgende Aufgaben:

- Sie prüft die technischen Unterlagen hinsichtlich Entwurf und Fertigungsverfahren.
- Sie begutachtet die verwendeten Werkstoffe, wenn diese nicht den geltenden harmonisierten Normen oder einer europäischen Werkstoffzulassung für Druckgerätewerkstoffe entsprechen, und überprüft die vom Werkstoffhersteller gemäß Anhang I Nummer 4.3 ausgestellte Bescheinigung.
- Sie erteilt die Zulassung für die Arbeitsverfahren zur Ausführung der dauerhaften Verbindungen oder überprüft, ob diese bereits gemäß Anhang I Nummer 3.1.2 zugelassen worden sind.
- Sie überprüft die gemäß Anhang I Nummern 3.1.2 und 3.1.3 erforderlichen Qualifikationen oder Zulassungen.
- Sie führt die Schlussprüfung gemäß Anhang I Nummer 3.2.1 durch, nimmt die Druckprüfung gemäß Anhang I Nummer 3.2.2 vor oder lässt sie vornehmen und prüft die etwaigen Sicherheitseinrichtungen.

Die notifizierte Stelle stellt auf der Grundlage dieser Untersuchungen und Prüfungen eine Konformitätsbescheinigung aus und bringt an den genehmigten Druckgeräten ihre Kennnummer an oder lässt diese unter ihrer Verantwortung anbringen. Der Hersteller hält die Konformitätsbescheinigungen nach dem Inverkehrbringen der Druckgeräte zehn Jahre lang für die nationalen Behörden bereit.

5. CE-Kennzeichnung und EU-Konformitätserklärung

5.1. Der Hersteller bringt an jedem einzelnen Druckgerät, das den anwendbaren Anforderungen dieser Richtlinie entspricht, die CE-Kennzeichnung und unter der Verantwortung der in Nummer 4 genannten notifizierten Stelle deren Kennnummer an.

5.2. Der Hersteller stellt eine schriftliche EU-Konformitätserklärung aus und hält sie nach dem Inverkehrbringen des Druckgeräts zehn Jahre lang für die nationalen Behörden bereit. Aus der EU-Konformitätserklärung muss hervorgehen, für welches Druckgerät sie ausgestellt wurde.

Ein Exemplar der EU-Konformitätserklärung wird den zuständigen Behörden auf Verlangen zur Verfügung gestellt.

6. Bevollmächtigter

Die in den Nummern 2 und 5 genannten Pflichten des Herstellers können von seinem Bevollmächtigten in seinem Auftrag und unter seiner Verantwortung erfüllt werden, falls sie im Auftrag festgelegt sind.

In DIN EN 13480 werden die Rohrleitungen entsprechend der Druckgeräterichtlinie in Rohrleitungs-Kategorien eingeteilt. Diese Kategorisierung entspricht genau der gleichen Einteilung wie in beiden Druckgeräterichtlinien (alt/neu), da für die technische Umsetzung der Druckgeräterichtlinie diese Normenreihe von der EU-Kommission beauftragt wurde.

In der Norm EN 13480 wurde in der Erstausgabe von 2002 nicht von Kategorien gesprochen, sondern von Rohrleitungsklassen. Zwischenzeitlich sind die Begriffe jedoch an den Richtlinientext angepasst worden. Rohrleitungen werden analog zur Richtlinie jedoch nur in die Rohrleitungskategorien I, II und III eingeteilt.

14 Risikoanalyse und -bewertung

Um als Hersteller auftreten und später alle Anforderungen der Druckgeräterichtlinie erfüllen zu können, ist sowohl im Anfragestadium als auch im Auftragsfall ausreichende Kenntnis über die spätere Verwendung des Druckgerätes notwendig.

Gemäß Druckgeräterichtlinie, Anhang I, Vorbemerkung 3, ist der Hersteller verpflichtet, eine Analyse der Risiken und deren Bewertung vorzunehmen, um die mit seinem Gerät verbundenen druckbedingten Gefahren zu ermitteln. Die Analyse und Bewertung sind Bestandteil der Entwurfsprüfunterlagen. Sie hat den Zweck, die Produktsicherheit zu gewährleisten, um Schäden durch die Benutzung zu vermeiden.

Man unterscheidet beim Auftreten von Fehlern vier Fehlerkategorien: Konstruktions-, Fabrikations-, Instruktions- und Produktbeobachtungsfehler.

Konstruktionsfehler	Der Hersteller darf nur solche Produkte für einen späteren Vertrieb herstellen, die von ihrer Konstruktion her gewährleisten, dass der durchschnittliche Benutzer sie gefahrlos verwenden kann. Konstruktionsfehler betreffen den Bauplan des Produkts und haften der gesamten Serie an.
Fabrikationsfehler	Ein Fabrikationsfehler liegt vor, wenn es im Fertigungsprozess zu einer planwidrigen Abweichung von der Konstruktion kommt.
Instruktionsfehler	Der Hersteller muss den Produktbenutzer in den bestimmungsgemäßen Gebrauch einweisen und vor etwaigen Gefahren warnen. Dies gilt auch für vorhersehbaren Fehlgebrauch sowie naheliegenden Missbrauch.
Produktbeobachtungsfehler	Der Hersteller muss das Produkt auch nach dem Inverkehrbringen beobachten. Er muss sowohl Beschwerden etc. prüfen als auch aktiv prüfen, ob von seinem Produkt Gefahren ausgehen, die sich möglicherweise erst in der Praxis herausstellen.

Bei der Wahl der angemessensten Lösungen hat der Hersteller nach Anhang I Abschnitt 1.2 Druckgeräterichtlinie folgende 3 Grundsätze, und zwar in der angegebenen Reihenfolge, zu beachten:

Stufe I: Abwendung oder Verminderung der Gefahren, soweit dies nach vernünftigem Ermessen möglich ist;

Stufe II: Anwendung von geeigneten Schutzmaßnahmen gegen nicht zu beseitigende Gefahren;

Stufe III: Gegebenenfalls Unterrichtung der Benutzer über die Restgefahren und Hinweise auf geeignete besondere Maßnahmen zur Verringerung der Risiken bei der Installation und/oder der Benutzung.

Fehlen in Anfragen/Aufträgen bzw. in den Bestellspezifikationen diese Vorgabedaten, ist es die Aufgabe des Herstellers des Druckgerätes, diese zu beschaffen. Diese Daten sind im Wesentlichen:

- Kenntnis des Prozesses, in welchen das Druckgerät eingebunden wird (Verwendung wofür);
- Auslegungsbedingungen (Medium, Betriebsweise, Lastwechsel, Drücke, Temperaturen);
- äußere Belastungen (Windlasten, Korrosionsbedingungen usw.).

Die Risikoanalyse nach Anhang I der Druckgeräterichtlinie beinhaltet:

- die Definition des Produkts,
- die Bestimmungen der einschlägigen Richtlinien,
- die Bestimmung der zutreffenden wesentlichen Sicherheitsanforderungen,
- die Maßnahmen zur Erfüllung der Anforderungen (z. B. auf Grundlage harmonisierter Normen),
- Festlegung der noch verbleibenden Risiken,
- die Beurteilung der nicht vernachlässigbaren Risiken,
- die Hinweise auf Gefahren bei unsachgemäßer Verwendung,
- die Tolerierbarkeit der Restgefahren,
- die Maßnahmen gegen tolerierbare Restgefahren (z. B. durch Hinweise, Piktogramme usw.).

Für Rohrleitungen lässt sich diese Analyse der Gefahren und Risiken weitgehend standardisieren. Zweckmäßig ist eine tabellarische Anordnung in fünf Spalten: Risiken, Sicherheitsanforderungen, Maßnahmen zur Beseitigung oder Verminderung der Gefahr/des Risikos, Schutzmaßnahmen gegen die nicht zu beseitigende Gefahr und Hinweise auf Restgefahren.

Ein Risiko stellt beispielsweise das mechanische Versagen der drucktragenden Wand dar. Gründe hierfür können Konstruktionsfehler, Fertigungsfehler, Montagefehler oder äußere Korrosion sein. Jedem dieser Gründe werden nun stichwortartig Maßnahmen zur Vermeidung dieser Einflussgrößen zugeordnet.

Wesentliche Sicherheitsanforderungen beinhalten die Abschnitte des Anhangs I der RL 2014/68/EU, wie z. B. Auslegung auf statischen Druck und Füllgewicht unter Betriebs- und Prüfbedingungen (Absatz 2.2.1).

Maßnahmen zur Beseitigung oder Verminderung dieses Risikos: Bezogen auf obigen Punkt ist dies die Auslegung nach technischen Spezifikationen, im Rohrleitungsfall nach EN 13480 oder AD 2000-Merkblatt HP 100 R.

Zu Schutzmaßnahmen gegen die nicht zu beseitigende Gefahr zählt u. a. die Forderung, eine Bedienung des Druckgerätes nur durch entsprechend qualifiziertes Personal zuzulassen.

Hinweise auf Restgefahren: Bei Gefahr durch Verschleiß infolge von Erosion und Abrieb wird als Maßnahme eine Begrenzung der Lebensdauer dieser betroffenen Bauteile vorgesehen. Als Schutzmaßnahme ist die Austauschmöglichkeit dieser Verschleißteile schon in der Konstruktionsphase vorzusehen. In der letzten Spalte, unter Hinweis auf Restgefahren, wird ein Vermerk auf die begrenzte Lebensdauer (Betriebsstunden) gegeben, der dann in die Betriebsanleitung mit aufzunehmen ist.

Die Analyse der Gefahren und Risiken ist frühzeitig bereits in der Planungsphase vorzunehmen. Maßnahmen gegen tolerierbare Restgefahren sind in die Betriebsanleitung zu übernehmen. Die Risikoanalyse ist ein internes Papier und wird nicht an den Kunden weitergegeben. Sie ist mit den anderen Unterlagen verfügbar aufzubewahren. Hierzu bietet das bereits erwähnte Programm „PED V 6.5.0“ gute Unterstützung an.

Eine weitere Quelle zur systematischen Erstellung der Gefahrenanalyse ist das AD 2000-Merkblatt Z 2 „Leitfaden für die systematische Durchführung einer Gefahrenanalyse und Risikobewertung“ [10].

Die Gefährdungsbeurteilung dagegen ist ein Instrument der Betriebssicherheitsverordnung und obliegt der Betreiberverantwortung. Die Gefährdungsbeurteilung geht weit über die Gefahrenanalyse hinaus und schließt Wechselwirkungen bei Versagen von Einzelkomponenten und ihre Auswirkung auf Beschäftigte und Umgebung/Umwelt ein.

In der Richtlinie **2014/68/EU** wurde (bedingt durch die Omnibus-Richtlinie) der etablierte Begriff „Gefahr“ um den Begriff „Risiko“ ergänzt, siehe Anhang I in der Richtlinie. In den Modulen wird dann auch von einer vom Hersteller durchzuführenden Risikoanalyse und -beurteilung gesprochen. Die Technische Definition des Begriffes „Risiko“ ist das Produkt von Eintrittshäufigkeit bzw. Eintrittswahrscheinlichkeit und Ereignisschwere bzw. Schadensausmaß. Eine einheitliche Definition des Begriffes „Risiko“ liegt jedoch nicht vor.

Wenn man den Begriff „Risiko“ auf Grundlage der rechtlichen Definition als Produkt aus Eintrittswahrscheinlichkeit eines Schadensfalls und der Schadenshöhe betrachtet, würde dies bei der Anwendung der Druckgeräterichtlinie eine vollkommene Umkehrung der bisherigen „Sicherheitsphilosophie“ bedeuten, denn für die meisten klassischen Apparatehersteller ist eine solche Risikoanalyse nicht ohne weiteres möglich – sie verfügen in der Regel nicht über hinreichende Informationen bezüglich der späteren Aufstellungsbedingungen ihrer Geräte. Die Definition einer Eintrittswahrscheinlichkeit würde eine Akzeptanz der Wahrscheinlichkeit eines druckbedingten Versagens bedeuten. Entsprechend der aktuell praktizierten Philosophie wird von den Herstellern angestrebt, ein Druckgerät zu produzieren, bei dem ein druckbedingtes Versagen sicher ausgeschlossen wird. Eine vernünftige Einschätzung der Auswirkungen eines druckbedingten Versagens und damit möglicher Schäden in der Umgebung ist ohne genaue Kenntnis der Ausstellungsbedingungen in der Praxis kaum durchführbar. Hersteller können sich nur auf die Maßnahmen konzentrieren, die ein druckbedingtes Versagen nach dem Stand der Technik verhindern.

Ziel ist es, keine technisch fragwürdigen quantitativen Risikoabschätzungen vorzunehmen, sondern vielmehr den bereits heute in der Druckgeräterichtlinie verankerten Grundsatz – Vermeiden eines druckbedingten Versagens durch geeignete Anwendung des Anhangs I – auch wieder auf die „neue“ Druckgeräterichtlinie zu übertragen. Dem tragen die Leitlinienentwürfe H-04 und H-20 Rechnung.

Sollte mit Einführung des Begriffs „Analyse und Bewertung der Risiken“ in der neuen RL 2014/68/EU das Konzept der „Gefahrenanalyse“ gegenüber der alten RL 97/23/EG geändert werden? Die Leitlinie H-04 beantwortet dies eindeutig:

> „Es war nicht der Zweck der neuen Begriffe ‚Risikoanalyse‘ und ‚Risikobewertung‘ ein völlig neues Konzept zu etablieren. Die neuen Begriffe beschreiben jedoch korrekter das bereits bestehende Konzept, auf dem die Konformitätsbewertung und der Herstellungsprozess unter der Druckgeräterichtlinie aufbaut.
>
> Die Gefahrenanalyse unter der RL 97/23/EG entspricht demnach bereits den Anforderungen dem Gefahren- und Risikoanalyse der RL 2014/68/EU. Folglich hat ein Hersteller, der in der Vergangenheit richtig und vollständig das Konzept einer ‚Gefährdungsanalyse‘ umgesetzt hat und mit der Konformitätsbewertung kombiniert hat, eine Risikobewertung durchgeführt, wie sie jetzt offiziell in der RL 20914/68/EU gefordert wird.
>
> Dennoch erfordert die neue RL 2014/68/EU ausdrücklich, dass die technische Dokumentation eine Aufzeichnung der Analyse und Beurteilung des Risikos (en) enthält.“

Der Leitlinienentwurf H-20 beantwortet die Frage „Wie soll die Analyse der angegebenen Gefahren und Risiken des Anhangs I durchgeführt und dokumentiert werden?“ wie folgt: *„Die anschließende Risikobewertung erfordert keinen quantitativen Ansatz mit probabilistischen Analyse und/oder Annahmen zum möglichen Ausmaß des Schadens. Der Hersteller muss die Gefahren identifizieren und eine Risikobewertung abschließen, die es ihm ermöglicht, geeignete Maßnahmen umzusetzen, um die wesentlichen Sicherheitsanforderungen für die Ausrüstung zur Schadensvermeidung festzulegen. ...“*

15 Betriebsanleitung

Wenn das Druckgerät zum ersten Mal in Verkehr gebracht wird, muss die Betriebsanleitung in der Sprache vorliegen, die den gesetzlichen Vorschriften am Aufstellungsort entspricht, um die notwendigen Sicherheitsinformationen zu geben. Diese Anforderung wird u. a. im Produktsicherheitsgesetz (ProdSG) gestellt. Dort heißt es:

> **„§ 6 – Besondere Pflichten für das Inverkehrbringen von Verbraucherprodukten**
>
> Der Hersteller, sein Bevollmächtigter und der Einführer haben jeweils im Rahmen ihrer Geschäftstätigkeit bei der Bereitstellung eines Verbraucherprodukts auf dem Markt sicherzustellen, dass der Verwender die Informationen erhält, die er benötigt, um die Risiken, die mit dem Verbraucherprodukt während der üblichen oder vernünftigerweise vorhersehbaren Gebrauchsdauer verbunden sind und die ohne entsprechende Hinweise nicht unmittelbar erkennbar sind, zu beurteilen und sich gegen sie schützen zu können."

Für Druckgeräte, die in Deutschland in Verkehr gebracht, aufgestellt und betrieben werden, ist die Betriebsanleitung in deutscher Sprache zu verfassen. Für jedes Druckgerät ist eine Betriebsanleitung zu erstellen.

Diese beinhaltet im Wesentlichen alle notwendigen Informationen für:

1) Allgemeine Daten zum Druckgerät,
   - Herstelleranschrift,
   - Baujahr,
   - Typ, Serie, lfd. Nr.,
   - zulässige obere/untere Grenzwerte (Druck, Temperatur),
   - verwendbare Medien/Stoffe,
   - Volumen/Nennweite,
   - Prüfdruck,
   - Einstelldaten der Sicherheitseinrichtungen,
   - Entwurfsbasis (verwendetes Regelwerk, Schweißnahtfaktor, Korrosionszuschlag, Lebensdauer, Lastwechsel);
2) Angaben zum Transport, Montage
   - Lager- und Transportvorschriften,
   - mögliche Montagevarianten,

  - mögliche Anschlüsse,
  - erforderliche Befestigungen,
  - erforderliche Abstände zu anderen Komponenten;
3) Angaben zur Inbetriebnahme
  - Entfernung von Montagesicherungen,
  - Betriebsmittel (Art, Menge usw.),
  - Anfahrweise,
  - zusätzlich benötigte Sicherheitseinrichtungen,
  - Unterweisung des Inbetriebsetzungspersonals;
4) Angaben zur Instandhaltung und Inspektion
  - Wartungsintervalle,
  - Inspektionsintervalle,
  - regelmäßige Überprüfung der Sicherheitseinrichtungen;
5) Angaben zum Betrieb
  - Warnhinweise vor missbräuchlicher Nutzung,
  - Warnhinweise vor möglicher Fehlbedienung,
  - Anforderung an das Bedienungspersonal (Qualifizierung, Unterweisung),
  - Beschreibung des ordnungsgemäßen Zustandes,
  - Auflistung von Gefahren durch unsachgemäßen Gebrauch,
  - gegebenenfalls Anbringung von Warnhinweisen (Piktogramme).

Die Betriebsanleitung ist Bestandteil des Konformitätsbewertungsverfahrens und muss der notifizierten Stelle nach RL 2014/68/EU bei dem Modul B (Entwurfsmuster) und dem Modul G vorgelegt und von ihr inhaltlich bewertet werden. Die Druckgeräterichtlinie macht hinsichtlich der Gestaltung der Betriebsanleitung keine besonderen Vorgaben. Für Rohrleitungen und Behälter lässt sich diese Betriebsanleitung weitgehend standardisieren. Allerdings sind die sich aus der Gefahrenanalyse ergebenden unvermeidbaren Restgefahren, insbesondere Gefahren durch das Fluid, deutlich in der Betriebsanleitung hervorzuheben. Die Betriebsanleitung muss dem Druckgerät eindeutig und unverwechselbar zuzuordnen sein.

Wenn auch die Sprachfassung nicht explizit in der Druckgeräterichtlinie vorgeschrieben ist, so sollte die Betriebsanleitung sinnvollerweise mindestens in der Sprache des jeweiligen Aufstellungslandes vorliegen. Diese Notwendigkeit ergibt sich auch aus der Gefahrenanalyse, da durch Betriebsanleitungen, die nicht in der jeweiligen Landessprache des Aufstellungslandes vorliegen,

Gefahren für den Anwender ausgehen können. Durch nationale Bestimmungen können gegebenenfalls die Sprachfassungen verbindlich festgelegt werden. So ist nach der 14. Verordnung zum Gerätesicherheitsgesetz vom 13. Mai 2015 in § 6 Absatz 3 verbindlich festgelegt, dass die Druckgeräte nur in Verkehr gebracht werden dürfen, wenn eine ausreichende Betriebsanleitung in deutscher Sprache vorliegt. Die Betriebsanleitung und die Sicherheitsinformationen müssen klar, verständlich und deutlich sein.

Der CEN/TR 764-6:2013 „Druckgeräte – Teil 6: Betriebsanleitung“ [11] liefert einen Leitfaden für die notwendigen Punkte zur Erstellung einer Betriebsanleitung.

Weitere Hilfsmittel zur Erstellung von Betriebsanleitungen sind in folgenden Regelwerken zu finden, siehe Tabelle 6.

Tabelle 6: Verzeichnis von Quellen zum Verfassen von Betriebsanleitungen

Regelwerk	Titel
FDBR Merkblatt 15:2009-02	Hinweise zur Erstellung einer Betriebsanleitung
VDI 2890:1986-11	Planmäßige Instandhaltung; Anleitung zur Erstellung von Wartungs- und Inspektionsplänen
VDI 4500 Blatt 1:2006-06	Technische Dokumentation – Begriffsdefinitionen und rechtliche Grundlagen
VDI 4500 Blatt 1:2006-11	Technische Dokumentation – Organisieren und Verwalten
DIN 31052:1981-06	Instandhaltung; Inhalt und Aufbau von Instandhaltungsanleitungen
DIN EN 307:1998-12	Wärmeaustauscher – Anleitung für die Anfertigung von Einbau- und Betriebsanleitungen und Wartungsanweisungen zum Erhalt der Leistung von Wärmeaustauschern jeglicher Bauart
DIN EN 82079:2013-06	Erstellen von Gebrauchsanleitungen – Gliederung, Inhalt und Darstellung – Teil 1: Allgemeine Grundsätze und ausführliche Anforderungen
DIN EN 12953-13:2012	Großwasserraumkessel – Teil 13: Betriebsanleitungen

Regelwerk	Titel
DIN EN ISO 12100-1:2003	Sicherheit von Maschinen – Grundbegriffe, allgemeine Gestaltungsleitsätze – Teil 1: Grundsätzliche Terminologie, Methodologie (ISO 12100-1:2003)
DIN EN ISO 12100-2:2003	Sicherheit von Maschinen – Grundbegriffe, allgemeine Gestaltungsleitsätze – Teil 2: Technische Leitsätze (ISO 12100-2:2003)

Die Betriebsanweisung dagegen ist ein Instrument der Betriebssicherheitsverordnung und obliegt der Betreiberverantwortung.

16 Anwendbare Regelwerke

EG-Richtlinien sind innerhalb einer vorgegebenen Zeit in nationale Gesetze bzw. Verordnungen umzusetzen und haben deshalb eine hohe Bedeutung gerade für die nationale Gesetzgebung. Da ein technisches Produkt jedoch nicht nach Richtlinien und Verordnungen konstruiert, berechnet, gebaut und geprüft werden kann, werden hierfür technische Spezifikationen (Normen) benötigt. Die Hierarchie der europäischen Vorschriften und der dazu nutzbaren Regelwerke ist im folgenden Bild wiedergegeben:

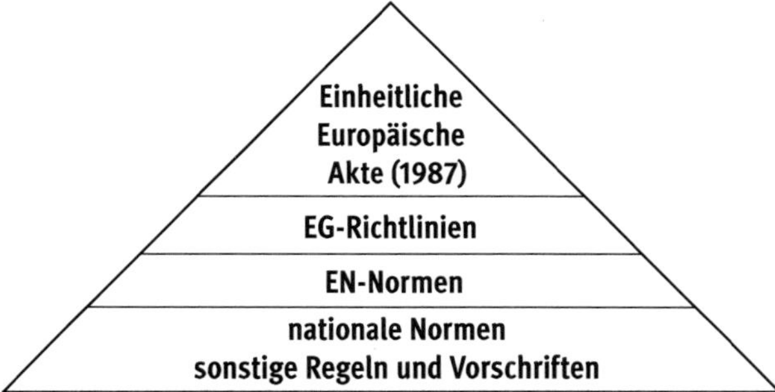

Bild 8: Hierarchie der europäischen Vorschriften und Normen

Das nachfolgende Bild 9 zeigt die Unterteilung des Binnenmarktes in gesetzlich geregelte und nicht geregelte Bereiche. Für die Anwendung auf Druckgeräte, und damit für Rohrleitungen, gilt der harmonisierte Bereich. Zur Erfüllung der Druckgeräterichtlinie kann der Hersteller die mandatierten Europäischen Normen verwenden.

Bild 9: Unterteilung des Binnenmarktes nach geregeltem und ungeregeltem Bereich

16.1 Mandatierte Normen

Zum Zeitpunkt der Einführung der Druckgeräterichtlinie lag in Europa kein gemeinsames einheitliches, in allen Ländern gleich lautendes Regelwerk vor. In den jeweiligen Mitgliedstaaten gab es nationale Regelwerke zum Bau von Druckgeräten, wie in Deutschland das AD-Regelwerk, das TRD-Regelwerk oder die Technischen Regeln Rohrleitungen (TRR); in Großbritannien BS 5500, in Frankreich den CODAP-Code. Um konsequent für den europäischen Wirtschaftsraum auch ein Regelwerk zum Berechnen, Bauen und Prüfen von Behältern, Rohrleitungen und Dampfkesseln verfügbar zu machen, beschloss das Europäische Parlament im August 1994 mit dem Mandat M 071, dem europäischen Normungsinstitut CEN einen Auftrag zur Erstellung von über 800 Normen und Normteilen zur Druckgeräterichtlinie zu erteilen. Dazu wurden im CEN neue Technische Komitees (TC) eingerichtet. In deren Arbeitsbereich wurden dann die bekannten Regelwerksreihen EN 13445, EN 13480, EN 12952 und EN 12953 erarbeitet. Je nach Umfang der Regelwerksreihen sind dann in den jeweiligen TCs Working Groups (WG) eingerichtet worden, um sich den Themen Werkstoffe, Auslegung und Berechnung, Fertigung und Prüfung zu widmen.

In Deutschland wie auch in jedem anderen an der Normung beteiligten Staat gibt es dazu dann auf nationaler Ebene die Spiegelgremien. Die nachfolgende Tabelle 7 stellt diese drei TCs mit ihrem Normungsauftrag und dem deutschen Spiegelgremium gegenüber.

Tabelle 7: Europäische und nationale Normung für Druckgeräte

CEN	Norm	Titel	DIN
CEN/TC 54	EN 13445	Unbefeuerte Druckbehälter	FNCA NA 012-00-05 AA
CEN/TC 267	EN 13480	Metallische industrielle Rohrleitungen	NARD NA 082-00-17 AA
CEN/TC 269	EN 12952	Wasserrohrkessel und Anlagenkomponenten	NARD NA 082-00-18 AA
	EN 12953 EN 14222	Großwasserraumkessel Edelstahl-Großwasserraumkessel	

Diese haben die Aufgabe, die nationalen Meinungsbildungen zusammenzuführen und bringen die entsprechende Meinung über entsandte Experten wieder in die TCs und die zugehörigen Working Groups (WG) ein. Für Druckgeräte existieren in Europa im Rahmen der europäischen Normung (CEN) drei Technische Komitees (TC).

16.2 Harmonisierte Normen

Zur Erfüllung der wesentlichen Sicherheitsanforderungen der Druckgeräterichtlinie kann der Hersteller eine harmonisierte Norm (z. B. Normenreihe EN 13445 für Unbefeuerte Druckbehälter, Normenreihe EN 13480 für Metallische industrielle Rohrleitungen, Normenreihe EN 12952 für Wasserrohrkessel, Normenreihe EN 12953 für Großwasserraumkessel, Normenreihe EN 14222 für Edelstahl-Großwasserraumkessel) anwenden. Aktuelle Übersichten können im Internet unter www.mussmann.org/Normung kostenfrei heruntergeladen werden.

Wenn ein Hersteller diese harmonisierten Normen anwendet, kann er davon ausgehen, dass er die wesentlichen Sicherheitsanforderungen der Druckgeräterichtlinie erfüllt (Vermutungswirkung). Er kann aber auch andere Spezifikationen (z. B. AD 2000-Merkblätter, CODAP 2000, BS 5500, ASME Boiler and Pressure Vessel Code (ASME)) anwenden, wenn er als Hersteller nachweist, dass er damit ebenfalls die wesentlichen Sicherheitsanforderungen erfüllt. Dieser Nachweis ist verständlicherweise wesentlich schwieriger, als direkt auf harmonisierte Normen zurückzugreifen.

Für die Auswahl von Werkstoffen, Planung, Konstruktion, Herstellung, Errichtung, Prüfung und Dokumentation sind Regelwerke anzuwenden, welche die Anforderungen der Druckgeräterichtlinie erfüllen. Dies sind harmonisierte EN-Normen und harmonisierte Produktnormen, welche den Anhang I der Druckgeräterichtlinie umsetzen. Eine EN-Norm gilt dann als harmonisiert, wenn sie im Amtsblatt der Europäischen Gemeinschaft mit Bezug auf die Druckgeräterichtlinie veröffentlicht wurde.

Die oben erwähnten Europäischen Normen, wie z. B. EN 13480, werden unter Angabe des Teiles und des Ausgabedatums im Amtsblatt der Europäischen Gemeinschaft mit dem Bezug zur Druckgeräterichtlinie veröffentlicht. Mit der anschließenden Bekanntgabe im deutschen Bundesanzeiger werden danach auch die deutschen DIN-EN-Normen, ebenfalls unter Angabe des Teiles und des Ausgabedatums, als harmonisiert bekannt gegeben. Mit der Listung im Amtsblatt der EU (OJEC = Official Journal of the European Community; heute OJEU = Official Journal of the European Union) unter Bezug der Norm auf die entsprechende europäische Richtlinie wird auch nach außen hin dokumentiert, dass diese Norm die grundlegenden Anforderungen der in Bezug genommenen Richtlinie erfüllt. Der Hersteller muss also den Nachweis nicht mehr führen, es gilt dann die Konformitätsvermutung.

Eine tagesaktuelle Auflistung der harmonisierten Normen zur Erfüllung der Druckgeräterichtlinie ist ebenfalls im Internet unter http://ec.europa.eu/growth/sectors/pressure-gas/pressure-equipment/guidelines/index_en.htm zu finden. Einfacher gestaltet sich die Suche unter www.eg-richtlinien-online.de.

Das neue deutsche Produktsicherheitsgesetz (ProdSG) beschreibt in Abschnitt 1 § 2 unter Begriffsbestimmungen im Sinne dieses Gesetzes:

> „Eine harmonisierte Norm ist eine Norm, die von einem der in Anhang I der Richtlinie 98/34/EG des Europäischen Parlaments und des Rates vom 22. Juni 1998 über ein Informationsverfahren auf dem Gebiet der Normen und technischen Vorschriften und der Vorschriften für die Dienste der Informationsgesellschaft (ABl. L 204 vom 21. Juli 1998, S. 37), die zuletzt durch die Richtlinie 2006/96/EG (ABl. L 363 vom 20. Dezember 2006, S. 81) geändert worden ist, anerkannten europäischen Normungsgremien auf der Grundlage eines Ersuchens der Europäischen Kommission nach Artikel 6 jener Richtlinie erstellt wurde."

16.3 Harmonisierte Normenreihe EN 13480

Für Rohrleitungen können die Normenreihe DIN EN 13480 „Metallische industrielle Rohrleitungen" oder das AD 2000-Regelwerk herangezogen werden. Die Erstausgabe der Normenreihe EN 13480 „Metallische industrielle Rohrleitungen" erfolgte 2002. Die letzte konsolidierte Fassung stammt von Dezember 2014. Diese Normenreihe umfasst 7 Teile und ein Beiblatt.

In den folgenden 10 Jahren seit der Erstveröffentlichung wurden immer wieder Änderungen (amendments) und Korrekturen (corrigenda) einzelner Abschnitte, Tabellen und Formeln vorgenommen und veröffentlicht.

Zur Benutzung der Norm mussten in der Vergangenheit somit die einzelnen Teile der Norm sowie alle zugehörigen verfügbaren Korrekturen und Änderungen eingelegt, verglichen und der letzte Stand für die Anwendung einer Formel, eines Diagramms etc. geprüft werden.

Die Veröffentlichung einer konsolidierten Fassung der Reihe EN 13480 erfolgte mit Ausgabe Juni 2012, auch Issue 1 genannt. Damit stand eine Ausgabe dieser Normenreihe zur Verfügung, in der in jedem Teil die bis dahin parallel veröffentlichten Berichtigungen und Änderung berücksichtigt und verarbeitet wurden. In dieser konsolidierten Fassung sind dann alle Berichtigung und Ergänzungen an der entsprechenden Stelle in dem Normenteil eingearbeitet.

Die letzte veröffentlichte Ausgabe als DIN EN 13480 erfolgte mit Ausgabedatum Dezember 2015, sie entspricht der Ausgabe 3 der EN 13480:2014-08. Es wurde den CEN-Regularien geschuldet, die gesamte Normenreihe mit einem neuen Ausgabedatum zu veröffentlichen, obwohl sich nur in den Teilen 5 und 8 inhaltliche Änderungen ergeben haben. Zu den Veränderungen im Einzelnen:

DIN EN 13480-1 Allgemeines

Der Teil 1 legt allgemeine Anforderungen an metallische industrielle Rohrleitungen fest. Es werden die für die gesamte Normenreihe allgemein gültigen Begriffe, Symbole und Einheiten definiert. Zusätzlich wurde die Rohrleitung in Rohrleitungskategorien eingestuft und die Anforderungen an Rohrleitungssysteme beschrieben.

Gegenüber der Ausgabe DIN EN 13480:2013-11 wurde der Teil 1 nur redaktionell überarbeitet.

DIN EN 13480-2 Werkstoffe

In Teil 2 sind die üblichen Stahlwerkstoffe für Druckrohrleitungen in Werkstoffgruppen nach CEN ISO/TR 15608 zugeordnet. Diese Gruppeneinteilung wurde vom CEN/TC 121 (Schweißen) für die Einteilung der Werkstoffe in Gruppen übernommen. In kommender Überarbeitung dieses Teils von DIN EN 13480 werden voraussichtlich auch andere Werkstoffgruppen, z. B. Gusswerkstoffe, aufgenommen werden. Dieser Teil der Norm wird in einer gemeinsamen Arbeitsgruppe CEN/TC 54/TC 267/JWG B (Werkstoffe für Druckbehälter und Industrielle Rohrleitungen) erarbeitet. Bei der konsolidierten Fassung 2012 wurde eine Revision der Regularien in Bezug auf die Vermeidung von Sprödbrüchen von Werkstoffen bei niedrigen Temperaturen eingearbeitet.

In der Ausgabe November 2013 wurden folgende Änderungen vorgenommen: a) Aktualisierung der normativen Verweisungen; b) die Tabelle B.2-12 „Temperaturzuschlag Ts“ wurde überarbeitet; c) die Norm wurde redaktionell überarbeitet.

Gegenüber der Ausgabe DIN EN 13480:2013-11 wurde der Teil 2 nur redaktionell überarbeitet.

DIN EN 13480-3 Konstruktion und Berechnung

Der Teil 3 enthält Anforderungen an die Konstruktion und Berechnung von Rohrleitungen. Mit der Veröffentlichung der DIN EN 13480-3 wurden die bis dahin gültigen Ausgaben der DIN 2413-1 und DIN 2413-2 zurückgezogen. Die praktische Anwendung der DIN EN 13480-3 ergab, dass diese Norm für hydraulische Anlagen zu Wandstärken führen kann, die entsprechend langjähriger Erfahrungen zu groß dimensioniert sind. Die Festlegung einer anderen Berechnungsmethode wurde deshalb notwendig, und die DIN 2413 wurde für den Anwendungsbereich für nahtlose Rohre und Rohrbögen aus Kohlenstoffstahl und nichtrostendem Stahl für öl- und wasserhydraulische Anlagen beschränkt.

Ergänzt wurden in der konsolidierten Ausgabe 2012 von DIN EN 13480 die Regularien in Bezug auf vereinfachte Belastungsproben für Rohre.

Gegenüber der Ausgabe DIN EN 13480:2013-11 wurde der Teil 3 nur redaktionell überarbeitet.

DIN EN 13480-4 Fertigung und Errichtung

Der Teil 4 legt Anforderungen an die Fertigung und Errichtung von Rohrleitungen fest. Es wurden bei der Erstellung der DIN EN 13480 im Jahr 2002 die Anforderungen in Anlehnung an AD 2000-Merkblatt HP 0 für allgemeine Grundsätze bei der Herstellung, HP 5/1 für die Herstellung der Verbindungen sowie der Reihe HP 7 für die Wärmebehandlung aufgenommen. In der konsolidierten Fassung 2012 erfolgte eine Klarstellung der Anwendung von Normen in Bezug auf Qualifikationsprüfungen für Schweißer und Schweißverfahrensprüfungen.

In der Neuausgabe im November 2013 wurden im Teil 4 „Fertigung und Verlegung“ folgende Änderungen vorgenommen: a) die normativen Verweisungen wurden aktualisiert; b) die Bestimmungen in Abschnitt 3 zu Kaltumformen und Warmverformung wurden überarbeitet; c) in 5.2.3 wurden die Anforderungen für die Einbindung von Subunternehmern hinzugefügt; d) 7.2.1 und Tabelle 7.2.1-1 über Wärmebehandlung nach dem Kaltumformen von Flacherzeugnissen wurden überarbeitet; e) Bild 7.1.3-1 c) wurde korrigiert; f) Abschnitt 9 „Schweißen“ wurden überarbeitet; g) Tabelle 9.14.1-1 und Tabelle 9.14.1-2 über PWHT wurden überarbeitet; h) eine neue Tabelle 9.14.1-3 mit P_{crit}-Werten für Werkstoffgruppen und Werkstoffe für PWHT wurde hinzugefügt; i) 10.3 über Schweißausbesserung wurde überarbeitet; j) Abschnitt 11 „Kennzeichnung und Dokumentation“ wurde überarbeitet; k) Anhang ZA wurde angepasst; l) die Literaturhinweise wurden aktualisiert; m) die Norm wurde redaktionell überarbeitet.

Gegenüber der Ausgabe DIN EN 13480:2013-11 wurde der Teil 4 nur redaktionell überarbeitet.

DIN EN 13480-5 Prüfung

Der Teil 5 enthält Anforderungen an die Prüfung von Rohrleitungen in Anlehnung an die AD 2000-Merkblätter HP 0 für Allgemeine Grundsätze, HP 3 für die Schweißaufsicht, HP 4 für die Prüfaufsicht sowie HP 5/2 und HP 5/3 für Art und Umfang der zerstörungsfreien Prüfungen. Die maßgeblichen technischen Änderungen in der konsolidierten Fassung betreffen die Überarbeitung von Abschnitt 9.3.2.2.1 zu den detaillierten Anforderungen an die hydrostatische Druckprüfung.

In Teil 5 „Prüfung“ wurden in der Neuausgabe November 2013 folgende Änderungen vorgenommen: a) die normativen Verweisungen wurden aktualisiert; b) Abschnitt 6 „Entwurfsüberprüfung“ wurde vollständig überarbeitet; c) in 8.1 wurde die Bestimmung des Umfangs der ZfP überarbeitet; d) in 8.1 wurden die Anforderungen für Kategorie 0 hinzugefügt; e) in 8.1 wurden die Anforderungen für ZfP von Rohrleitungen, die Kriechen oder Ermüdung ausgesetzt sind, geklärt; f) in 8.1 und in 9.3.3 wurden die Anforderungen für ZfP von Rohrleitungen, die einer pneumatischen Druckprüfung unterzogen wurden, hinzugefügt; g) in 8.4 wurden die Bewertungsgruppen abhängig von den Betriebsbedingungen und Prüfverfahren hinsichtlich EN ISO 5817 festgelegt; h) in 8.4.4 und 8.4.5 wurde die Auswahl der ZfP-Verfahren und Prüftechniken basierend auf EN ISO 17635 festgelegt; i) in 9.3.2.2.1 wurden die Anforderungen von Rohrleitungen, die im Kriechbereich eingesetzt werden, hinzugefügt; j) in 9.3.3 wurde ein alternatives Verfahren der pneumatischen Druckprüfung hinzugefügt; k) Tabelle 9.4-1 wurde überarbeitet; l) in Abschnitt 10 wurde die Verweisung zu CEN/TR 13480-7 hinsichtlich der Herstellererklärungen durch eine Verweisung zu Anhang A ersetzt; m) ein neuer Anhang A wurde hinzugefügt, der neue Formulare für die Herstellererklärung zur Auslegung, die Herstellererklärung zur Fertigung, Verlegung und Prüfung von Rohrleitungen und die Herstellererklärung zur Konformität von Rohrleitungen mit EN 13480 enthält; n) Anhang ZA wurde angepasst; o) die Norm wurde redaktionell überarbeitet.

Gegenüber DIN EN 13480-5:2013-11 der DIN EN 13480-5 Berichtigung 1:2014-05 wurde die DIN EN 13480-5 Berichtigung 1:2014-05 eingearbeitet sowie in Abschnitt 8.2.1 und im Anhang A die deutsche Übersetzung korrigiert.

DIN EN 13480-6 Zusätzliche Anforderungen an erdgedeckte Leitungen

Dieser Teil legt Anforderungen an ganz oder teilweise erdgedeckte industrielle Rohrleitungen fest, die teilweise in Schutzrohren oder ähnlichen Schutzvorrichtungen verlaufen. Teil 7 muss in Zusammenhang mit den anderen Teilen der DIN EN 13480 angewendet werden.

Werden erdgedeckte Rohrleitungen nach dieser Norm an Rohrleitungen angeschlossen, die unter eine andere Zuständigkeit fallen, z. B. Fernrohrleitungen, dann sollte der Übergang an einem Absperrorgan vorgenommen werden, z. B. an einem Absperr- oder Regelventil, durch das die beiden Abschnitte getrennt werden. Dies sollte in unmittelbarer Nähe des Grenzbereiches des Betriebsgeländes erfolgen, kann jedoch inner- oder außerhalb dieser Grenze sein. Die Arbeitstemperatur ist bis auf 75 °C zu begrenzen.

Bei höheren Temperaturen wird auf EN 13941:2009+A1:2010 verwiesen werden, wobei jedoch berücksichtigt werden sollte, dass CEN/TC 107 nur vorummantelte Rohrleitungen mit Temperaturen bis 140 °C und Durchmessern bis 800 mm behandelt, die den neuesten Stand der Technik dieser Produkte darstellen.

Gegenüber der Ausgabe DIN EN 13480:2013-11 wurde der Teil 6 nur redaktionell überarbeitet.

Beiblatt 1 zu DIN EN 13480 (Teil 7)

Das Beiblatt 1 enthält eine Anleitung zur Durchführung des Konformitätsbewertungsverfahrens. Weiterhin wird die Einteilung der Fluide entsprechend ihrer Gefährlichkeit und der Rohrleitungen entsprechend den Kriterien Druck und Nennweite sowie dem enthaltenen Fluid in Gefahrenkategorien, wie in der Druckgeräterichtlinie vorgegeben, wiederholt. Dieser Teil enthält keine zusätzlichen genormten Anforderungen. Er ist ein Technischer Bericht (technical report, TR) und erläutert die Vorgehensweise zur Auswahl des zutreffenden Diagramms und dann die Einstufung einer Rohrleitung in eine Kategorie. Bei der Herausgabe der konsolidierten Normenreihe wurde dieser Teil nicht überarbeitet und gilt in seiner Ausgabe von 2002.

DIN EN 13480-8 Zusatzanforderungen an Rohrleitungen aus Aluminium und Aluminiumlegierungen

Dieser Teil der Norm wurde erstmals 2007 veröffentlicht und legt Anforderungen für industrielle Rohrleitungen aus Aluminium und Aluminiumlegierungen, zusätzlich zu den allgemeinen Anforderungen an industrielle Rohrleitungen nach der Normenreihe EN 13480 und CEN/TR 13480-7, fest.

Die wesentlichen technischen Änderungen in der konsolidierten Fassung sind:

- Überarbeitung von Abschnitt 6.2 bezüglich der zeitunabhängigen Berechnungsnennspannung (überarbeitete Tabelle 6.2-2 bezüglich der zulässigen Festigkeitswerte für die Auslegung von geschweißten Konstruktionen mit Flanschen der Reihe 6 000),
- Überarbeitung von Abschnitt 8.2.3 bezüglich der zerstörenden Prüfung von umgeformten und wärmebehandelten Teilen,
- Überarbeitung von Abschnitt 8.5 bezüglich der Sichtprüfung und weiterer ZfP-Verfahren (überarbeitete Tabelle 8.5-1 die Techniken, Verfahren und Zulässigkeitskriterien betreffend).

Gegenüber DIN EN 13480-8:2013-11 und DIN EN 13480-8/A1:2014-08 wurde die Änderung DIN EN 13480-8/A1:2014-08 eingearbeitet.

Tabelle 8: Übersicht der deutschen Fassung der Normenreihe DIN EN 13480:2014 „Metallische industrielle Rohrleitungen“

Norm	Titel	Ausgabe
DIN EN 13480-1	Allgemeines	2014-12
DIN EN 13480-2	Werkstoffe	2014-12
DIN EN 13480-2 Ber 1	Werkstoffe – Berichtigung 1	2015-12
DIN EN 13480-3	Konstruktion und Berechnung	2014-12
DIN EN 13480-3 Ber 1	Konstruktion – Berichtigung 1	2015-12
DIN EN 13480-4	Fertigung und Verlegung	2014-12
DIN EN 13480-4/A2	Fertigung und Verlegung – Änderung 2	2016-03
DIN EN 13480-5	Prüfung	2014-12
DIN EN 13480-5 Ber 1	Prüfung – Berichtigung 1	2015-12
DIN EN 13480-6	Zusätzliche Anforderungen an erdgedeckte Rohrleitungen	2014-12
DIN EN 13480 Beiblatt 1 (Teil 7)	Anleitung für den Gebrauch des Konformitätsbewertungsverfahrens	2002-08
DIN EN 13480-8	Zusatzanforderungen an Rohrleitungen aus Aluminium und Aluminiumlegierungen	2014-12
DIN EN 13480-8/A2	Zusatzanforderungen an Rohrleitungen aus Aluminium und Aluminiumlegierungen – Änderung 2	2015-12

16.4 Harmonisierte Normenreihe EN 13445

Die Normenreihe EN 13445 legt die Anforderungen an die Konstruktion, Herstellung, Inspektion und Prüfung von unbefeuerten Druckbehältern fest. Sie enthält die für unbefeuerte Druckbehälter geltenden Begriffe und Symbole. In EN 13445 umfasst der Begriff Druckbehälter die Anschweißteile bis einschließlich Stutzenflansche, Schraub- oder Schweißverbindungen oder die an der ersten Rundnaht zu Anschlussrohrleitungen oder anderen Teilen zu schweißende Stirnnaht. Der Begriff „unbefeuert“ schließt Behälter mit direkter

Wärmeerzeugung oder Flammenbeaufschlagung aus einem Feuerungsprozess aus, jedoch nicht Behälter, die elektrisch beheizt werden oder die für beheizte Prozessströme vorgesehen sind.

DIN EN 13445-1 – Allgemeines

Dieser Teil enthält allgemeine Angaben über den Anwendungsbereich der Norm sowie Begriffe, Größen, Symbole und Einheiten, die in dieser Norm verwendet werden.

DIN EN 13445-2 – Werkstoffe

Dieser Teil behandelt die allgemeinen Anwendungsregeln für Werkstoffe, Werkstoffeinteilung und das Betriebsverhalten bei Tieftemperatur. Die Norm ist auf Stahl mit ausreichender Duktilität beschränkt und für Bauteile, die im Zeitstandbereich betrieben werden, und auf Werkstoffe mit ausreichender Duktilität im Zeitstandbereich. Dieser Teil enthält des Weiteren die allgemeinen Anforderungen für die Festlegung der technischen Lieferbedingungen und die Anforderungen an die Kennzeichnung der Werkstoffe.

DIN EN 13445-3 – Konstruktion

Dieser Teil der Norm legt die Regeln fest für die Konstruktion und Berechnung von Behältern und Behälterteilen unter Innen- und/oder Außendruck (wie jeweils zutreffend), örtliche Belastungen und andere Belastungen als Druck. Die festgelegten Regeln gelten für die Auslegung nach Formeln (DBF), die Auslegung nach dem Analytischen Zulässigkeitsnachweis AZ (früher: Auslegung nach Analyseverfahren DBA) und die experimentelle Auslegung (DBE). Dieser Teil der Norm legt außerdem die Anforderungen fest, nach denen eine Ermüdungsanalyse durchzuführen ist, sowie die in diesem Fall zu beachtenden Regeln.

DIN EN 13445-4 – Herstellung

Dieser Teil der Norm basiert auf der üblichen Verfahrensweise in vorherigen nationalen Europäischen Normen für die Herstellung. Er behandelt Umformverfahren, Schweißverfahren und Schweißverfahrensprüfungen, Fertigungsprüfungen, Wärmenachbehandlung und Reparaturen. Ferner enthält dieser Teil Festlegungen für die Werkstoff-Rückverfolgbarkeit und Toleranzen.

DIN EN 13445-5 – Inspektion und Prüfung

Dieser Teil der Norm behandelt alle Maßnahmen bei Inspektion und Prüfung für den Nachweis, dass der Druckbehälter den Anforderungen der Norm entspricht einschließlich der Entwurfsprüfung durch den Hersteller und die begleitende technische Dokumentation, die zerstörungsfreie Prüfung (ZfP) und weitere Inspektionstätigkeiten einschließlich der Überprüfung der Unterlagen, Rückverfolgbarkeit der Werkstoffe, Nahtvorbereitung und Schweißen.

Der Prüfumfang richtet sich nach der Behälter-Prüfgruppe. Grundsätzlich wird der Umfang der ZfP und der für die Auslegung verwendete Schweißnahtfaktor durch die Prüfgruppe bestimmt.

Für die zerstörungsfreien Prüfungen gelten allgemein die Anwendungsregeln nach EN ISO 5817:2014, Bewertungsgruppe „C“ für überwiegend nicht zyklisch belastete Behälter und Bewertungsgruppe „B“ für zyklisch belastete Behälter.

DIN EN 13445-6 – Anforderungen an Behälter aus Gusseisen

Dieser Teil der Norm enthält spezielle Festlegungen für Werkstoffe, Auslegung, Herstellung, Inspektion und Prüfung von Druckbehältern aus Gusseisen mit Kugelgraphit. Im Allgemeinen gelten die in den jeweiligen Abschnitten in den Teilen 2 bis 5 enthaltenen Festlegungen mit den in diesem Teil der Norm angegebenen Ergänzungen und Ausnahmen.

Beiblatt 1 zu DIN EN 13445 (Teil 7) – Anleitung für Konformitätsbewertungsverfahren

Dieser Teil der Norm enthält eine Anleitung für die Durchführung der Konformitätsbewertungsverfahren nach Druckgeräterichtlinie. Dieser Teil ist keine Norm, sondern ein Technischer Bericht (CEN/TR).

DIN EN 13445-8 – Anforderungen an Behälter aus Gusseisen

Dieser Teil der Norm enthält spezielle Festlegungen für Werkstoff, Auslegung, Herstellung, Inspektion und Prüfung von Druckbehältern aus Aluminium und Aluminiumlegierungen. Im Allgemeinen gelten die in den jeweiligen Abschnitten in den Teilen 2 bis 5 enthaltenen Festlegungen mit den in diesem Teil der Norm angegebenen Ergänzungen und Ausnahmen.

DIN EN 13445-9 – Gegenüberstellung von EN 13445 und ISO 16528-1

Dieser Teil der Norm enthält eine Gegenüberstellung der Normenreihe EN 13445 mit der ISO 16528-1 „Dampfkessel und Druckbehälter – Teil 1: Anforderungen". Dieser Teil ist ein Technischer Bericht. Die erste Ausgabe ist auf Behälter aus Stahl begrenzt, sie soll jedoch später um Gusseisen mit Kugelgraphit und Aluminium erweitert werden.

16.5 Harmonisierte Normenreihe EN 12952

Diese Europäische Norm gilt für **Wasserrohrkessel** mit einem Volumen von mehr als 2 Litern zur Erzeugung von Dampf und/oder Heißwasser mit einem zulässigen Druck von mehr als 0,5 bar und einer Temperatur über 110 °C **sowie andere Anlagenkomponenten**. Zweck dieser Europäischen Norm ist es, sicherzustellen, dass die mit der Bedienung von Wasserrohrkesseln einhergehenden Gefahren möglichst gering gehalten werden und dass bei der Inbetriebnahme von Wasserrohrkesseln ein angemessener Schutz gegen noch bestehende Gefahren vorhanden ist. Dieser Schutz wird erreicht durch die sachgemäße Anwendung der Konstruktions-, Herstellungs-, Prüf- und Kontrollverfahren und Kontrolltechniken, die in den verschiedenen Teilen dieser Norm enthalten sind. Entsprechende Warnhinweise auf Restgefahren und die Möglichkeit einer unsachgemäßen Handhabung werden erforderlichenfalls in den Ausbildungs- und Bedienungsunterlagen und auf den betreffenden Ausrüstungsteilen angegeben.

Im Sinne dieser Norm umfasst die Dampfkesselbaugruppe

a) den Wasserrohrkessel einschließlich aller drucktragenden Teile vom Speisewassereintritt (einschließlich Eintrittsarmatur) bis einschließlich dem Dampf- und/oder Heißwasseraustritt (einschließlich Austrittsarmatur oder, falls dort keine Armatur vorhanden ist, der ersten Rundnaht oder dem ersten Flansch nach dem Sammler). Alle Überhitzer, Zwischenüberhitzer, Speisewasservorwärmer, das dazugehörige Sicherheitszubehör und angeschlossene Verbindungsleitungen, die durch Rauchgase beheizt und vom Hauptsystem nicht durch zwischengeschaltete Absperrarmaturen abgetrennt sind. Weiterhin die mit dem Dampfkessel verbundenen Rohrleitungen für die Entwässerung, Entlüftung, Dampfkühlung usw. bis einschließlich dem ersten Absperrventil in der Rohrleitung nach dem Dampfkessel. Zwischenüberhitzer, die mit Rauchgas oder anderweitig beheizt werden und mit einem eigenen Sicherheitszubehör einschließlich aller Überwachungs- und Sicherheitssysteme ausgerüstet sind;

b) absperrbare Überhitzer, Zwischenüberhitzer, Speisewasservorwärmer und dazugehörige Verbindungsleitungen;
c) die Einrichtungen zur Wärmeversorgung oder Beheizung;
d) die Einrichtungen zur Aufbereitung und Zuleitung des Brennstoffs zum Dampfkessel einschließlich der Überwachungssysteme;
e) die Einrichtungen zur Versorgung des Dampfkessels mit Speisewasser einschließlich der Überwachungssysteme;
f) die Druckausdehnungsgefäße und Ausdehnungsbehälter für Anlagen zur Heißwassererzeugung.

Zu den anderen Anlagenausrüstungen zählen

a) das Kesselgerüst aus Stahl, die Wärmedämmung und/oder die Ausmauerung und die Ummantelung;
b) die Einrichtungen zur Luftversorgung des Dampfkessels einschließlich der Gebläse und der mit Rauchgas beheizten Luftvorwärmer;
c) die Einrichtungen zur Rauchgasführung bis zum Schornsteineintritt einschließlich der Saugzuganlagen und der in die Rauchgasführung eingebauten Anlagen zur Verminderung der Luftverunreinigungen;
d) alle anderen Einrichtungen, die dem Betrieb der Dampfkesselanlage dienen.

Die Arten von Betriebssystemen für Wasserrohrkesselanlagen sind in EN 12952-7 beschrieben.

Diese EN 12952 gilt nicht für folgende Arten von Dampfkesselanlagen:

a) nicht-stationäre Dampfkessel;
b) Großwasserraumkessel einschließlich der Dampfkessel mit elektrischer Beheizung;
c) nukleare Primärkreisläufe, bei denen ein Versagen zur Emission von Radioaktivität führen kann.

Auch diese Normenreihe besteht aus mehreren Teilen. Die ersten Teile entsprechen denen der EN 13480 bzw. EN 13445, wobei Teil 4 „eingeschoben" ist und sich mit der Lebensdauererwartung beschäftigt. Weitere Teile der Norm regeln die Anlagenkomponenten einer Dampfkesselanlage.

Tabelle 9: Übersicht der deutschen Fassung der Normenreihe DIN EN 12952 „Wasserrohrkessel und Anlagenkomponenten“

Norm	Titel
DIN EN 12952-1	Allgemeines
DIN EN 12952-2	Werkstoffe
DIN EN 12952-3	Konstruktion und Berechnung
DIN EN 12952-4	Lebensdauererwartung
DIN EN 12952-5	Verarbeitung und Bauausführung
DIN EN 12952-6	Prüfung, Dokumentation
DIN EN 12952-7	Ausrüstung
DIN EN 12952-8	Feuerungsanlagen, flüssige und gasförmige Brennstoffe
DIN EN 12952-9	Staubfeuerungsanlagen
DIN EN 12952-10	Sicherheitseinrichtungen
DIN EN 12952-11	Begrenzungseinrichtungen
DIN EN 12952-12	Wasserqualität
DIN EN 12952-13	Rauchgasreinigungsanlage
DIN EN 12952-14	DENOx-Anlage
DIN EN 12952-15	Abnahmeversuche
DIN EN 12952-16	Rost- und Wirbelschichtfeuerungsanlagen für feste Brennstoffe
DIN EN 12952-17	Einbeziehung herstellerunabhängiger Prüforganisationen
DIN EN 12952-18	Betriebsanleitung

16.6 Harmonisierte Normenreihe EN 12953

Diese Europäische Norm gilt für Großwasserraumkessel mit einem Inhalt von mehr als 2 Litern zur Erzeugung von Dampf und/oder Heißwasser bei einem maximal zulässigen Druck von mehr als 0,5 bar und bei einer Temperatur über 110 °C. Sie stellt sicher, dass die Gefahren, die mit dem Betrieb von Großwasserraumkesseln verbunden sind, auf ein Minimum reduziert werden und dass ein ausreichender Schutz geboten wird, um die bei Inbetriebsetzung des Großwasserraumkessels noch vorhandenen Gefahren einzudämmen. Dieser Schutz ist zu erreichen, indem die in den einzelnen Teilen dieser Europäischen Norm festgelegten Verfahren und Techniken bei Auslegung, Herstellung, Prüfung und Inspektion exakt angewendet werden. Wenn zutreffend, werden geeignete Warnhinweise vor verbleibenden Gefahren und vor einer potentiellen fehlerhaften Nutzung in den Schulungs- und Betriebsanleitungen und lokal am jeweiligen Druckgerät angegeben. Es liegt in der Verantwortung des Herstellers, zusätzlich zum Erfüllen der Anforderungen dieser Norm besondere Maßnahmen in Erwägung zu ziehen, die notwendig sein könnten, um bei der Herstellung die erforderliche Sicherheitsstufe entsprechend der Druckgeräterichtlinie zu erreichen.

Diese Europäische Norm enthält Anforderungen an direkt befeuerte bzw. elektrisch beheizte Dampfkessel einschließlich Niederdruck-Dampfkesseln bzw. Abhitzekessel mit einem gasseitigen Druck bis 0,5 bar, die zylinderförmig sind, aus C- oder C-Mn-Stählen durch Schweißen hergestellt werden und deren Auslegungsdruck 40 bar nicht überschreitet. Dampfkessel nach dieser Europäischen Norm sind für den Gebrauch an Land zur Versorgung mit Dampf oder Heißwasser bestimmt.

Für Niederdruck-Dampfkessel sind die Anforderungen an Auslegung und Berechnung geringer. Einzelheiten sind in den entsprechenden Abschnitten festgelegt (Für Kessel, die bei einem höheren gasseitigen Druck als 0,5 bar betrieben werden, gelten die Vorschriften dieser Norm ebenfalls. Es muss jedoch grundsätzlich überprüft werden, ob zusätzliche Berechnungen und Prüfungen notwendig sind.).

Falls ein Kessel eine Kombination aus Großwasserraum- und Wasserrohrkessel ist, so sind die Normen der Reihe EN 12952 zusätzlich zu dieser Europäischen Norm anzuwenden.

Diese Europäische Norm gilt für Dampf-/Heißwassererzeuger vom Anschluss für die Speisewassereinleitung bis zum Anschluss für den Dampfaustritt und bis zu allen anderen Anschlüssen einschließlich der Anschlüsse für Armaturen und Passstücke für Dampf und Wasser. Falls Anschweißenden verwendet werden, gelten die hier festgelegten Anforderungen bis zu der Naht, an der sonst Flansche eingesetzt werden.

Diese Europäische Norm gilt nicht für die folgenden Arten von Kesseln und Geräten:

a) Wasserrohrkessel;

b) nicht-stationäre Kessel, z. B. Dampfkessel in Lokomotiven;

c) Thermo-Ölkessel;

d) Kessel, deren Gehäuse zur Aufnahme des Hauptdrucks aus Gusswerkstoffen bestehen;

e) Pumpen, Dichtungen usw.;

f) Ausmauerungen und Isolierungen usw.

Diese Normenreihe besteht aus mehreren Teilen. Die ersten Teile entsprechen denen der EN 13480 bzw. EN 13445. Weitere Teile der Norm beschreiben die Ausrüstungsteile eines Großwasserraumkessels.

Tabelle 10: Übersicht der deutschen Fassung der Normenreihe DIN EN 13480:2014 „Großwasserraumkessel"

Norm	Titel
DIN EN 12953-1	Allgemeines
DIN EN 12953-2	Werkstoffe
DIN EN 12953-3	Konstruktion und Berechnung
DIN EN 12953-4	Verarbeitung und Bauausführung
DIN EN 12953-5	Prüfung, Dokumentation
DIN EN 12953-6	Ausrüstung
DIN EN 12953-7	Feuerungsanlagen, flüssige und gasförmige Brennstoffe
DIN EN 12953-8	Sicherheitseinrichtungen
DIN EN 12953-9	Begrenzungseinrichtungen
DIN EN 12953-10	Wasserqualität
DIN EN 12953-11	Abnahmeversuche
DIN EN 12953-12	Rostfeuerungsanlagen für feste Brennstoffe
DIN EN 12953-13	Betriebsanleitung
DIN EN 12953-14	Einbeziehung herstellerunabhängiger Prüforganisationen

16.7 Alte deutsche Regelwerke, wie z. B. Technische Regeln

Alte Technische Regeln, wie z.B. TRR (Technische Regeln Rohrleitungen) oder auch TRD (Technische Regeln Dampfkessel) und TRB (Technische Regeln Behälter), enthielten sowohl Beschaffungsvorschriften als auch Betriebsvorschriften.

Ihre rechtliche Grundlagen basierten auf durch § 11 des alten Gerätesicherheitsgesetzes (GSG) erlassenen Rechtsverordnungen, wie z. B. der Druckbehälterverordnung und der Dampfkesselverordnung.

Zwischenzeitlich wurden diese Beschaffenheitsvorschriften durch die neuen Europäischen Richtlinien, wie z.B. die RL 97/23/EG bzw. RL 2014/68/EU, ihre zugehörigen harmonisierten Normen, wie z.B. EN 13480, EN 12952 und für die nationale Umsetzung erforderlichen Rechtsverordnungen (Druckgeräteverordnung), ersetzt. Mit der Betriebssicherheitsverordnung (BetrSichV) wurden die bisherigen Rechtsverordnungen wie Druckbehälterverordnung (DruckbehV), Dampfkesselverordnung (DampfkV) zum 1. Januar 2003 außer Kraft gesetzt. Mit der Zurücknahme dieser Verordnungen verlieren damit auch diese Technischen Regeln ihre rechtliche Grundlage.

Da die Technischen Regeln auch Betriebsvorschriften enthielten und die neuen Technischen Regeln für Betriebssicherheit (TRBS) seinerzeit noch nicht vorhanden waren, enthielt § 27 der BetrSichV die Übergangsvorschrift, dass die betrieblichen Vorschriften der bisherigen Technischen Regeln so lange gültig bleiben, bis sie durch neue TRBS abgelöst werden. Zwischenzeitlich sind viele TRBS veröffentlicht worden und haben damit einige der alten Technischen Regeln abgelöst. Allerdings wurden die ersetzten Technischen Regeln vorerst formell noch nicht zurückgezogen. Mit der Verordnung zur Änderung der Betriebssicherheitsverordnung vom 18. Dezember 2008 wurde festgelegt, dass spätestens zum 31. Dezember 2012 alle Technischen Regeln ihre Gültigkeit verlieren. Das heißt, spätestens bis zu diesem Zeitpunkt mussten die neuen TRBS die alten Technischen Regeln ersetzen.

Die Inhalte der TRR wurden in die AD 2000-Merkblätter HP 100 R (Bauvorschriften – Rohrleitungen aus metallischen Werkstoffen) und HP 512 R (Bauvorschriften – Entwurfsprüfung, Schlussprüfung und Druckprüfung von Rohrleitungen) überführt. Damit besteht keine Notwendigkeit, auf diese Regeln heute noch als Erkenntnisquelle zurückzugreifen.

16.8 Alternative: Deutsches Verbänderegelwerk AD 2000

Das AD 2000-Regelwerk kann ebenso zur Umsetzung der Druckgeräterichtlinie herangezogen werden wie die Normenreihe EN 13445. AD 2000 ist jedoch kein harmonisiertes europäisches Regelwerk, sondern ein „Verbänderegelwerk“ deutschen Ursprungs, das von Verbänden der Hersteller, Betreiber und des TÜV vereinbart wurde. Das AD 2000-Regelwerk folgt einem in sich geschlossenen

Auslegungskonzept. Es erfüllt die Anforderungen der Druckgeräterichtlinie, wenn als Benannte Stelle ein TÜV eingeschaltet wird. In AD 2000-Merkblatt G 1 in Abschnitt 4.1 heißt es dazu:

> „Zur Anwendung der AD 2000-Merkblätter ist ein großer Erfahrungsschatz einschließlich vorhandener Betriebserfahrungen erforderlich. Die Arbeitsgemeinschaft Druckbehälter verbindet daher mit einer zuständigen unabhängigen Stelle besondere Anforderungen. Die vor dem 29. November 1999 nach dem AD-Regelwerk tätigen Sachverständigenorganisationen (TÜV, TÜH, AfA und Industrieüberwacherstellen) erfüllen diese Anforderungen."

Das AD 2000-Regelwerk gliedert sich wie folgt:

Grundsätze	Reihe G
Ausrüstung, Aufstellung und Kennzeichnung	Reihe A
Berechnung	Reihe B
Herstellung und Prüfung	Reihe HP
Metallische Werkstoffe	Reihe W
Druckbehälter aus nichtmetallischen Werkstoffen	Reihe N
Sonderfälle	Reihe S
Leitfäden	Reihe Z

Speziell für den Bau von metallischen Rohrleitungen wurden in der Merkblattreihe HP die Merkblätter AD 2000 HP 100 R [12] und HP 512 R [13] erarbeitet. Diese Merkblätter stellen ein in sich geschlossenes Regelwerk für Rohrleitungen hinsichtlich der Anforderung an Hersteller, Werkstoffe, Schweißen und Prüfen dar.

Das AD 2000 Merkblatt HP 512 R *„Bauvorschriften – Entwurfsprüfung, Schlussprüfung und Druckprüfung"* regelt die Prüfungen:

> „(1) Die Prüfung der für die Herstellung der Rohrleitung erforderlichen technischen Unterlagen in sicherheitstechnischer Hinsicht,
>
> (2) Die Prüfung der hergestellten bzw. verlegten Rohrleitung auf Übereinstimmung mit den technischen Unterlagen in sicherheitstechnischer Hinsicht,
>
> (3) Die Druckprüfung der verlegten Rohrleitung."

In diesem Merkblatt werden, bezogen auf oben genannte Prüfungen, die erforderlichen Unterlagen und Schritte beschrieben, die vom Hersteller zu erbringen sind bzw. von der zuständigen unabhängigen Stelle zu prüfen sind.

Im Merkblatt AD 2000 HP 100 R *„Bauvorschriften – Rohrleitungen aus metallischen Werkstoffen“* werden die Anforderungen an den Hersteller, die Werkstoffe, die Zeugnisbelegung mit den zu erfüllenden Zusatzanforderungen aus der Reihe der AD 2000-Reihe W, die Berechnung, die Herstellung und Verlegung einschließlich der Grundsätze für Schweißarbeiten, die Prüfung durch ZfP und die Kennzeichnung beschrieben. Das Merkblatt AD 2000 HP 100 R ist ein in sich geschlossenes Regelwerk, nur im Wesentlichen für Werkstoffe sind die Merkblätter der Reihe W zusätzlich einzubeziehen. Die Standard-Qualitätsanforderungen nach DIN EN ISO 3834-3 werden hierbei gefordert und sind der zuständigen unabhängigen Stelle im Rahmen ihrer Prüftätigkeit nachzuweisen.

Der Nachweis der Güteeigenschaften bei Rohren aus unlegierten oder legierten Stählen für nahtlose Rohre nach DIN EN 10216-1 (ausgenommen die Güte TR 1), DIN EN 10216-2 (ausgenommen der Werkstoffe 8MoB5-4, 20MnNb6 und 20CrMoV13-5-5), DIN EN 10216-3, DIN EN 10216-4 und geschweißte Rohre nach z.B. DIN EN 10217-1 (ausgenommen die Güte TR 1), DIN EN 10217-2, DIN EN 10217-3, DIN EN 10217-4, DIN EN 10217-5, DIN EN 10217-6 ist für Rohrleitungen der Kategorie III entsprechend der Einteilung aus Tafel 1 von Merkblatt AD 2000 HP 100 R zu erbringen.

Werkstoffe in Rohrleitungen der Kategorie II sind mit einem Abnahmeprüfzeugnis 3.1 nach DIN EN 10204 zu belegen; für Werkstoffe in Rohrleitungen der Kategorie I ist ein Werkszeugnis 2.2 nach DIN EN 10204 zu erbringen.

Die Schweißnähte müssen bezüglich ihrer zulässigen Unregelmäßigkeiten den Anforderungen aus dem AD 2000-Merkblatt HP 5/1 genügen. Der Umfang der zerstörungsfreien Prüfung mittels Durchstrahlungs- oder Ultraschallprüfung ergibt sich aus der Kombination von Fluidgruppe und Kategorie der Rohrleitung.

Herausgeber des AD 2000-Regelwerkes sind u.a. der Fachverband Anlagenbau (FDBR e.V.), der VDMA, der VGB und der Verband der TÜV e.V. (VdTÜV). Erhältlich ist das AD 2000-Regelwerk beim Beuth Verlag, Berlin [14]. Der AD 2000-Code ist die englische Sprachfassung und wird ebenfalls vom Beuth Verlag vertrieben. Der Vorteil der Anwendung des AD 2000-Regelwerkes liegt unbestritten in der Aktualität der zitierten Regelwerke (Fachgrundnormen).

16.9 Ausländische Regelwerke

Es können aber auch andere Regelwerke verwendet werden, sofern sie die wesentlichen Sicherheitsanforderungen des Anhangs I der Druckgeräterichtlinie erfüllen, jedoch liegt die Beweislast gegenüber der Benannten Stelle hinsichtlich der Erfüllung der wesentlichen Sicherheitsanforderungen beim Hersteller. In jedem Fall sollte aber das einmal gewählte Regelwerk für alle Stadien

(Konstruktion, Berechnung, Herstellung, Prüfung) durchgängig angewendet werden. Insbesondere bei der Regelwerkswahl ist zu prüfen, ob es bereits eine Kundenvorgabe hinsichtlich des anzuwendenden Regelwerkes, z. B. AD 2000, DIN EN 13480 usw., gibt.

Ein Mischen der Regelwerke (z. B. EN-Normen mit ASME-Werkstoffen) sollte nicht vorgenommen werden, da hier unterschiedliche Ansätze (Philosophien) den Regelwerken zu Grunde liegen. Die Leitlinie I-06 beantwortet die Frage: „Ist es möglich, beim Entwurf und der Fertigung von Druckgeräten entsprechend der DGRL eine oder mehrere harmonisierte Normen, Regelwerke oder Spezifikationen teilweise anzuwenden?“ folgendermaßen:

> „Die verschiedenen Teile (Entwurf, Fertigung, Prüfung, ...) einer harmonisierten Norm, eines Regelwerkes oder einer Spezifikation für Druckgeräte bilden ein zusammenhängendes Dokument, dem gefolgt werden sollte.
>
> Dennoch ist die teilweise Anwendung einer harmonisierten Norm, eines Regelwerkes oder einer Spezifikation nicht verboten.
>
> Unter diesen Umständen ist zu ermitteln, welche grundlegenden Anforderungen von den entsprechenden Teilen der harmonisierten Normen, Regelwerke oder Spezifikationen erfasst sind.
>
> Zusätzlich müssen die grundlegenden Anforderungen, die nicht von den entsprechenden Teilen der harmonisierten Normen, Regelwerke oder Spezifikationen erfasst sind, analysiert werden, um die Gültigkeit der gewählten Lösungen zu beurteilen.
>
> Wenn mehrere unterschiedliche Teile von harmonisierten Normen, Regelwerken oder Spezifikationen angewandt werden, ist zu prüfen, ob es zwischen diesen Teilen keine Unvereinbarkeiten oder Widersprüchlichkeiten besonders bei den Anwendungsdaten gibt (zulässige Spannung, Sicherheitsbeiwert, Umfang der Prüfung, ...).“

Die Leitlinie I-06 beantwortet die Frage: „Unter welchen Bedingungen kann in Anwendung der DGRL ein anderes Dokument als eine harmonisierte Norm (nationale Norm, Regeln der Technik oder ein privates technisches Dokument) für den Entwurf und die Fertigung von Druckgeräten verwendet werden?“ mit drei Merkpunkten:

> „1) Die Verwendung einer harmonisierten Norm ist nicht obligatorisch.
>
> 2) Jedoch enthält die Richtlinie keine Bestimmungen, die bei anderen Dokumenten als den harmonisierten Normen eine Konformitätsvermutung vorsehen. Ein Hersteller, der ein anderes Dokument verwendet, muss in seinen technischen Unterlagen beschreiben, welche Lösung er gewählt hat, um die wesentlichen Sicherheitsanforderungen der Richtlinie zu erfüllen. Die benannte bzw. notifizierte Stelle (oder Betreiberprüfstelle) soll diese Lösungen überprüfen, wenn dies nach dem gewählten Modul erforderlich ist.
>
> 3) Die technischen Anforderungen der Richtlinie sind in Anhang I niedergelegt. Wenn eine nationale Norm, eine Regel der Technik oder ein privates technisches Dokument für die Einhaltung von Anhang I herangezogen wird, ist allein der technische Inhalt dieses Dokuments relevant. Weitere Bestimmungen dieses Dokuments (z. B. betreffend Stellen oder Zertifizierungsverfahren) sind für die Anwendung der DGRL nicht relevant.“

Ein Hersteller von Rohrleitungen braucht nicht unbedingt eine harmonisierte Normenreihe, z. B. EN 13480 oder das nicht-harmonisierungsfähige AD 2000-Merkblatt HP 100 R, anzuwenden. Er kann auch nach eigenen Spezifikationen arbeiten. Er muss aber dann prüfen, ob er damit alle wesentlichen Sicherheitsanforderungen aus dem Anhang I der Druckgeräterichtlinie auch erfüllt.

16.10 Aktualität der Regelwerke

Die oben beschriebenen harmonisierten Europäischen Normenreihen und das AD 2000-Regelwerk werden regelmäßig an den Stand der Technik angepasst. Gemäß den CEN-Regeln ist eine Norm alle 5 Jahre dahingehend zu bewerten, ob sie für weitere 5 Jahre in ihrer aktuellen Fassung zu bestätigen ist, zu revidieren oder gar (weil nicht mehr benötigt) zurückzuziehen ist. Für das AD 2000-Regelwerk gibt es keine festgeschriebenen Fristen. Hier erfolgt eine Überarbeitung, wenn die Beteiligten eine Anpassung des gewünschten Merkblattes für sinnvoll halten.

In der Europäischen Normung herrschen in den jeweiligen TCs unterschiedliche „Philosophien“, in welchem Umfang eine gesamte Normenreihe oder einzelne Teile der Normenreihe nach Überarbeitung zu veröffentlichen sind.

Das CEN/TC 269 für die Normenreihe EN 12952 (Wasserrohrkessel) und für die Normenreihe EN 12953 (Großwasserraumkessel) veröffentlichte überarbeitete Teile der Normenreihe direkt nach ihrer Fertigstellung, sodass im Endeffekt in einer Normenreihe die einzelnen Teile der Norm mit unterschiedlichem Ausgabedatum vorliegen können.

Das CEN/TC 267 für die Normenreihe EN 13480 (Metallische industrielle Rohrleitungen) und das CEN/TC 54 für die Normenreihe EN 13445 (unbefeuerte Druckbehälter) veröffentlichen alle Teile zusammen zu einem Zeitpunkt, sodass alle Teile der Norm das gleiche Ausgabedatum tragen.

Tabelle 11: Normenreihen und ihre Ausgabedaten bei Revisionen

Regelwerk	Teile	Gegenstand	Art der Revisions-Veröffentlichung
EN 12952	18	Wasserrohrkessel	einzelne Teile mit unterschiedlichen Ausgabedaten
EN 12953	13	Großwasserraumkessel	einzelne Teile mit unterschiedlichen Ausgabedaten
EN 13445	9	Unbefeuerte Druckbehälter	Normenreihe mit **einem** Ausgabedatum
EN 13480	8	Metallische industrielle Rohrleitungen	Normenreihe mit **einem** Ausgabedatum
EN 14222	1	Edelstahl-Großwasserraumkessel	noch keine Revision geplant
AD 2000	103	Behälter und Rohrleitungen	Merkblätter mit unterschiedlichen Ausgabedaten

17 Datierte und undatierte Verweisungen

Unter Verweisung ist der Bezug auf eine bestehende Norm gemeint. Dabei kann dieser Hinweis entweder auf eine Norm mit einem bestimmten Ausgabedatum oder aber auf die jeweils gültige Ausgabe, also ohne ein festes Ausgabedatum, hinweisen. In jeder Norm wird im Abschnitt 2 unter der Überschrift „Normative Verweisungen" der Hinweis auf die Verwendung von in dieser Norm zitierten, datierten oder undatierten Verweisungen gegeben. Diese normativen Verweisungen sind an den jeweiligen Stellen einer Norm im Text zitiert.

Zu erkennen sind datierte Verweisungen daran, dass im Hinweis auf eine Norm im Text selbst oder im Hinweis auf eine Tabelle aus der zitierten Norm das Ausgabejahr steht. Beispiel für eine datierte Verweisung: *„Die Anerkennung der Schweißverfahren muss nach EN ISO 15614-1:2004+A1:2008 durch eine kompetente dritte Stelle erfolgen."* Damit muss in diesem Fall das Schweißverfahren nach genau dieser Ausgabe der Norm qualifiziert werden, auch wenn eine Nachfolgeausgabe verfügbar wäre. Bei datierten Verweisungen gehören spätere Änderungen oder Überarbeitungen dieser Publikationen nur zu dieser Europäischen Norm, falls sie durch Änderung oder Überarbeitung eingearbeitet sind.

Bei undatierten Verweisungen gilt immer die letzte Ausgabe der in Bezug genommenen Publikation (einschließlich Änderungen). Auch in der (DIN) EN 13480-5 findet sich eine Vielzahl von datierten Verweisungen, die es insbesondere bei der Bewertung der Prüfergebnisse zu beachten gilt.

Durch die Verwendung von datierten Verweisungen soll ein zum Zeitpunkt der Erstellung der Norm mit Bezug auf eine bestimmte Ausgabe der zitierten Norm einmal festgelegtes (Sicherheits-)Niveau auch bei Herausgabe eines Nachfolgedokumentes sichergestellt bleiben. Für den Anwender speziell der harmonisierten Normen zur Druckgeräterichtlinie bedeutet dies, dass auch zwischenzeitlich durch Nachfolgedokumente ersetzte Normausgaben verfügbar gehalten werden müssen.

18 Werkstoffe

Die zur Anwendung kommenden Werkstoffe einschließlich der Schweißzusätze müssen den Anhang I der Druckgeräterichtlinie erfüllen. Der Hersteller muss also Angaben zur Einhaltung der Werkstoffvorschriften der Richtlinie machen. In der Liste der eingesetzten Werkstoffe sind diese Querverweise zu geben auf

- Werkstoffe gelistet in harmonisierten Produktnormen, z. B. DIN EN 13480-2,

  oder
- Werkstoffe, für die eine Europäische Werkstoffzulassung (**EAM**, **E**uropean **A**pproval for **M**aterials) für Druckgeräte vorliegt. Die Auflistung dieser Werkstoffe wird im Amtsblatt der Europäischen Gemeinschaft veröffentlicht. Werkstoffe mit einer Europäischen Werkstoffzulassung erhalten dann ein Europäisches Werkstoffdatenblatt (**EMDS**, **E**uropean **M**aterial **D**ata Sheet)

  oder
- Werkstoffe mit einer Einzelzulassung (**PMA**).

In der **harmonisierten Produktnorm** DIN EN 13480-2 sind die für den Bau von metallischen industriellen Rohrleitungen geeigneten Werkstoffe aufgeführt. Es dürfen nur die Werkstoffe aus der Tabelle A.3 von DIN EN 13480-2 ohne weitere Prüfung verwendet werden. Tabelle A.3 stellt dabei zusätzlich zu den genannten Produktnormen für Bleche, Bänder, Stäbe, Rohre, Fittings, Schmiedestücke, Gussstücke, Flansche und Armaturengehäuse meist einschränkende Anforderungen (max. Dicke, Wärmebehandlungszustand). Das bedeutet, nicht jeder Werkstoff mit jeder Dicke kann ohne Weiteres aus einer Halbzeugnorm, wie z. B. DIN EN 10216-Reihe, verwendet werden.

Eine **Europäische Werkstoffzulassung (EAM)** kann für einen besonderen oder neuen Werkstoff erstellt werden, der in keiner Europäischen Werkstoffnorm, die nach der Druckgeräterichtlinie harmonisiert wurde, enthalten ist. Ein derartiger Werkstoff muss eine Spezifikation haben, die mit einer bestimmten chemischen Zusammensetzung verbunden ist und/oder spezifische mechanische Eigenschaften oder Merkmale, wie z. B. Korrosionsbeständigkeit, aufweist.

Eine Europäische Werkstoffzulassung darf nicht erstellt werden für

- einen Werkstoff, der in einer gegenwärtigen oder früheren nationalen Werkstoffnorm aufgeführt wurde, die Festlegungen enthält, die durch eine harmonisierte Europäische Werkstoffnorm behandelt wird;
- einen Werkstoff, der früher in einer Europäischen nationalen Werkstoffnorm enthalten war, der jedoch nicht in der harmonisierten Europäischen Werkstoffnorm enthalten ist, die die Europäische nationale Werkstoffnorm ersetzt hat.

In diesen Fällen muss ein Einzelgutachten (PMA) durch eine notifizierte Stelle erstellt werden.

Ein Problem der EAM liegt darin, dass Werkstoffe, die einmal das Zulassungsverfahren durchlaufen haben, für die also ein Europäisches Werkstoffblatt (EMDS) erstellt wurde, von jedem anderen Werkstoffhersteller hergestellt und von jedem Druckgerätehersteller verarbeitet werden dürfen. Das mindert natürlich das Interesse des Werkstoffherstellers oder des Druckgeräteherstellers, für einen nicht genormten Werkstoff ein europäisches Werkstoffzulassungsverfahren in Gang zu setzen.

Aber auch bereits bestehende Werkstoffzulassungen durch nationale Prüfstellen, z.B. Übernahme der bestehenden VdTÜV-Werkstoffblätter durch Ingangsetzung der europäischen Werkstoffzulassungsverfahren, sind mit Kosten verbunden, die der Antragsteller zu bezahlen hat, aber von dem danach alle profitieren können.

Eine **Werkstoffeinzelbegutachtung (PMA), P**articular **M**aterial **A**ppraisal, kommt zur Anwendung, wenn der Werkstoff in keiner Europäischen harmonisierten Produktnorm gelistet ist oder für ihn keine Europäische Werkstoffzulassung (EAM) vorliegt. Die Beschreibung des Werkstoffs nach einer nicht harmonisierten Norm soll dabei immer mit Bezug auf das Ausgabedatum dieser Norm erfolgen. Diese Beschreibung zur PMA besteht aus qualitativen und quantitativen Angaben. Zu den qualitativen Angaben gehören Lieferbedingungen, soweit zutreffend, Angaben zu Wärmebehandlungen und Informationen über die Weiterverarbeitung und Verschweißbarkeit. Quantitative Angaben umfassen mechanisch-technologische Werte, Zeitstandwerte usw. sowie Angaben, die von der Spezifikation abweichen oder über diese hinausgehen. Der vorgesehene Werkstoff ist weiterhin der Gruppe der Werkstoffe nach CEN ISO/TR 15608:2000 zuzuordnen, wenn geschweißt werden soll. Weiterhin sind Angaben über das Einsatzgebiet des Werkstoffes, z.B. Tieftemperatur- oder Zeitstandbeanspruchung, sowie spezielle Überwachungsverfahren der zeitstandbeanspruchten Schweißverbindungen zu machen. Die Werkstoffeinzelbegutachtung gilt jedoch nicht für Schweißzusätze.

Für Rohrleitungen der Kategorie III muss die Dokumentation an die beauftragte notifizierte Stelle gereicht werden, damit diese die Einzelbegutachtung des Werkstoffes für den beabsichtigten Anwendungsfall und die vorgesehenen Konstruktionsbedingungen durchführen kann.

Für jede Rohrleitung sind die Werkstoffe mit Angaben der Halbzeugart und der mitgeltenden Normen aufzulisten und im Rahmen der Entwurfsprüfung durch den Hersteller bei Kategorien I und II bzw. durch die notifizierte Stelle bei Kategorien III und IV zu bestätigen.

19 Zeugnisbelegung

Die Druckgeräterichtlinie stellt eigene Anforderungen an die Belegung mit Prüfbescheinigungen (Abnahmeprüfzeugnis 3.1 oder 3.2, Werkszeugnis 2.2 oder Werksbescheinigung 2.1) für die zum Bau einer Rohrleitung verwendeten Halbzeuge. Hinsichtlich der Zeugnisbelegung von Halbzeugen (Rohre, Flansche, Schmiedestücke usw.) ist zu beachten, dass

a) für Halbzeuge für die wichtigsten drucktragenden Teile von Druckgeräten der Kategorie I ein Werkszeugnis Typ 2.2 nach DIN EN 10204 erforderlich ist;

b) für Halbzeuge für die wichtigsten drucktragenden Teile von Druckgeräten der Kategorie II, III oder IV entweder

   - ein Abnahmeprüfzeugnis Typ 3.2 nach DIN EN 10204 erforderlich ist bei spezifischer Prüfung der Produkte über eine direkte Prüfung,

   oder

   - ein Abnahmeprüfzeugnis Typ 3.1 bei spezifischer Prüfung der Produkte über ein Qualitätssystem, z. B. von einem Halbzeughersteller mit Zulassung entsprechend AD 2000-Merkblatt W 0-Zulassung und zusätzlicher DIN EN ISO 9001/9002-Zertifizierung,

   oder

   - ein Abnahmeprüfzeugnis Typ 3.1 z. B. von einem Halbzeughersteller mit Zertifizierung nach Druckgeräterichtlinie

erforderlich ist;

c) für alle anderen wichtigsten drucktragenden Teile von Druckgeräten der Kategorien I bis IV (bei Rohrleitungen Kategorien I bis III) sowie Anbauteilen an Druckgeräten der Kategorien II, II und IV ein Werkszeugnis nach DIN EN 10204 Typ 2.2 benötigt wird (hierzu zählen auch Schweißzusätze wie WIG-Stäbe, umhüllte Stabelektroden, MSG-Drahtelektroden, UP-Schweißdrähte und Schweißpulver; Schutz- und Formiergase brauchen nicht mit einem Werkszeugnis belegt zu werden);

d) für sonstige Teile eine Werksbescheinigung Typ 2.1 nach DIN EN 10204 benötigt wird.

Die erforderliche Zeugnisbelegung ist der Übersichtlichkeit halber nochmals in Bild 10 wiedergegeben.

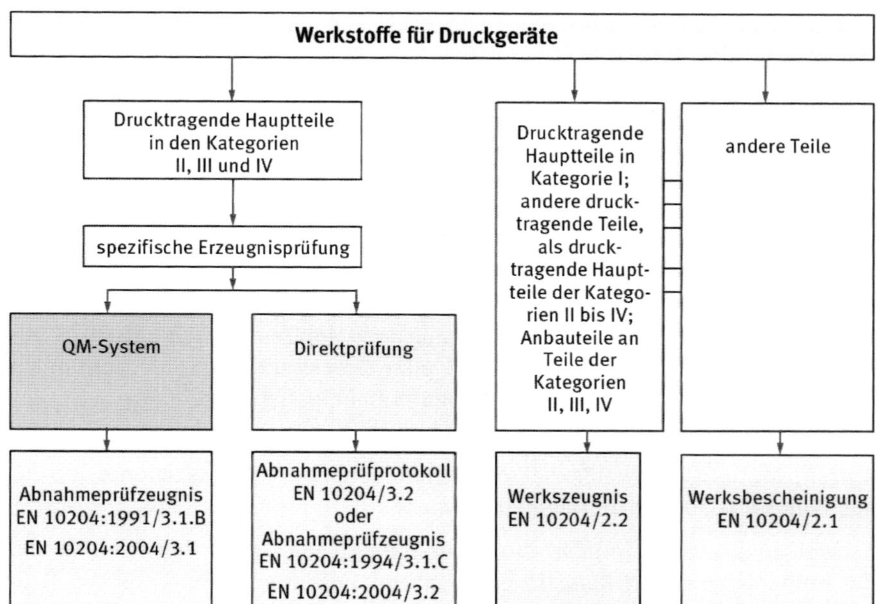

Bild 10: Erforderliche Prüfbescheinigung gemäß DIN EN 10204 nach Druckgeräterichtlinie (DIN EN 764-5 Bild 1)

Wendet ein Werkstoffhersteller ein geeignetes, von einer in der Gemeinschaft niedergelassenen zuständigen Stelle zertifiziertes Qualitätsmanagementsystem an, das in Bezug auf die Werkstoffe einer spezifischen Bewertung unterzogen wurde, so wird davon ausgegangen, dass die vom Hersteller ausgestellten Bescheinigungen (Abnahmeprüfzeugnisse 3.1) den Nachweis der Übereinstimmung mit den entsprechenden Anforderungen dieses Abschnitts bieten. Entscheidend zu beachten ist aber, dass die Institution, welche das QM-System des Werkstoffherstellers zertifiziert, auch eine in der EU nach Druckgeräterichtlinie akkreditierte notifizierte Stelle ist.

Im Umkehrschluss bedeutet das: Hat der Werkstoffhersteller kein zertifiziertes QM-System, muss der Druckgerätehersteller sich davon überzeugen, dass das Ausstellen von Werkstoffprüfbescheinigungen ordnungsgemäß im Sinne der Richtlinie erfolgt. Ein QM-System im Sinne der vorliegenden Druckgeräterichtlinie ist ein QM-System nach ISO 9001, ergänzt durch die in der Druckgeräterichtlinie enthaltenen einschlägigen Qualitätsanforderungen bezüglich der werkstofftechnischen Belange, wie zum Beispiel die Inhalte aus einer AD 2000 W 0-Werkstoffzulassung.

Er kann das selbst tun oder eine kompetente Organisation damit beauftragen (Abnahmeprüfzeugnisse 3.2).

Werden Werkstoffe nach harmonisierten Normen, wie z.B. Normenreihe EN 10216, eingesetzt und mit einer Prüfbescheinigung nach EN 101204 belegt, ist ein Nachweis der Kerbschlagzähigkeit (Option 4, EN 10216-2) in der Prüfbescheinigung nicht erforderlich. Von Werkstoffen nach harmonisierten Normen kann ausgegangen werden, dass sie eben diese Anforderungen an die Kerbschlagzähigkeit erfüllen (*Entscheidung 2-028 ACP des Maintenance Help Desk von CEN/TC 267 für die Normenreihe EN 13480 vom 18. Oktober 2011*).

Wenn auf den Zeugnissen für das Halbzeug nicht die Querverweise zu AD 2000-Merkblatt W 0, DIN EN ISO 9001/9002 oder Druckgeräterichtlinie vorhanden sind, müssen diese Nachweise den Zeugnissen beigefügt sein.

Hinsichtlich der Zeugnisbelegung für Verbindungselemente (Schrauben, Bolzen, Muttern, Schweißzusätze) ist mindestens ein Werkszeugnis Typ 2.2 nach DIN EN 10204 beizubringen (*Leitlinie G-10*).

Schweißzusätze sind definiert durch den Handelsnamen, die Bezeichnung und die entsprechende EN-Klassifizierungsnorm. Prüfunterlagen für Schweißzusätze müssen Prüfergebnisse für technische Merkmale entsprechend der Bezeichnung und der Klassifizierungsnorm enthalten, wie z.B. die nachstehend genannten Merkmale:

- chemische Zusammensetzung der Schweißzusätze oder falls zutreffend des reinen Schweißgutes;
- mechanisch-technologische Eigenschaften des reinen Schweißgutes: Zugfestigkeit und Streckgrenze, Dehnung;
- Kerbschlageigenschaften des reinen Schweißgutes bei Temperaturen, die der Bezeichnung entsprechen.

Die Prüfergebnisse beruhen auf unspezifischen Untersuchungen und Prüfungen. Sie können beispielsweise als typische Werte aufgrund von Qualitätskontrollprüfungen angegeben werden.

Schweißzusätze und sonstige Verbindungswerkstoffe müssen dazu nicht mit harmonisierten Normen, europäischen Werkstoffzulassungen oder besonderen Werkstoffbeurteilungen (Einzelgutachten) in Einklang stehen. Die Druckgeräterichtlinie fordert nicht, dass diese Werkstoffe die wesentlichen Anforderungen des Anhangs I Abschnitt 4.2 b) (Verwendung von Werkstoffen entsprechend den harmonisierten Normen; Verwendung von Werkstoffen, für die eine Europäische Werkstoffzulassung für Druckgeräte gemäß Artikel 15 vorliegt; Einzelgutachten zu den Werkstoffen) erfüllen müssen (*Leitlinie G-12*).

Das AD 2000-Regelwerk fordert darüber hinaus die Erfüllung der Anwendung verschiedener AD 2000-Merkblätter der Reihe W. Für Rohrleitungen gilt nur das AD 2000-Merkblatt HP 100 R.

Für Rohrleitungen der Kategorie I ist ein Werkszeugnis 2.2, für Rohrleitungen der Kategorie II ein Abnahmeprüfzeugnis 3.1 erforderlich.

Für Rohrleitungen der Kategorie III gilt die Tafel 1 aus AD 2000 HP 100 R. Dort wird in Abhängigkeit von der Prüfgruppe die Art der erforderlichen Prüfbescheinigung aufgeführt.

Tabelle 12: Tafel 1 aus AD 2000-Merkblatt HP 100 R (Ausgabe 2007): Art der Prüfbescheinigungen entsprechend Abschnitt 5.2.4.1 bei Rohren für Rohrleitungen der Kategorie III

Werkstoff	Prüfgruppe	Werkstoffuntergruppe	Art der Prüfbescheinigung nach DIN EN 10204
Stahl	1	1.1, 1.2	3.1
	2	1.3, 3.1	gemäß AD 2000 Reihe W
	3	4.1, 4.2	gemäß AD 2000 Reihe W
	4.1	5.1, 5.2	3.1
		5.3, 5.4	gemäß AD 2000 Reihe W
	4.2	6.1, 6.4	gemäß AD 2000 Reihe W
	5.1	1.1, 1.2, 9.1	3.1
	5.2	1.1	3.1
		1.3	gemäß AD 2000 Reihe W
	5.3	1.3	gemäß AD 2000 Reihe W
	5.4	9.2, 9.3	gemäß AD 2000 Reihe W
	6	8.1	3.1
		8.2	gemäß AD 2000 Reihe W
	7	8.1	3.1
		8.2	gemäß AD 2000 Reihe W
	8	10.1, 10.2	gemäß AD 2000 Reihe W

20 Unterlieferant/Dienstleister

Halbzeuge wie Rohre, Bögen, Formstücke, Flansche, Schrauben, Muttern, Dichtungen usw. werden vom Hersteller bei einem Unterlieferanten bestellt, können aber auch vom Besteller der Rohrleitung beigestellt werden. Zur Abgrenzung gegenüber einem Lieferanten, der als verlängerte Werkbank für den Hersteller tätig wird, wird der (Vor-)Materiallieferant auch gerne umgangssprachlich als Unterlieferant, Vormateriallieferant oder Händler bezeichnet.

Bei der Bestellung von Halbzeugen (siehe Abschnitt 18) beim Unterlieferanten ist in Abhängigkeit von den Voraussetzungen des Halbzeugherstellers (Unterlieferanten) auf die richtige Bestellung des Abnahmeprüfzeugnisses einschließlich der erweiterten Voraussetzungen (AD 2000 Merkblatt W 0 + DIN EN ISO 9001 oder Druckgeräterichtlinie) zu achten.

Der Lieferant (auch Fertiger oder Errichter genannt, siehe Abschnitt 8) hat genau die Werkstoffe mit der Attestbelegung und gegebenenfalls mit spezifizierten Zusatzanforderungen zu bestellen, die der Hersteller im Sinne der Druckgeräterichtlinie in seiner Entwurfsprüfunterlage beschrieben hat. Anderenfalls entspricht ein alternativ eingesetzter Werkstoff nicht der Entwurfsprüfunterlage und führt dazu, dass die Abnahme verweigert wird.

Bei Einbindung von Dienstleistern (z. B. für ZfP) oder Personal aus Arbeitnehmerüberlassung (z. B. Schweißer) ist im Vorfeld der Vergabe darauf zu achten, dass für dieses Personal auch die unter den Abschnitten 21 und 22 beschriebenen Voraussetzungen erfüllt werden. Dabei ist es unerheblich, ob dieses Personal für den Hersteller im Sinne der Richtlinie oder für dessen Lieferanten tätig ist.

21 Dauerhafte Verbindungen (Schweißen)

Personal, also Schweißer und Bediener sowie das Personal für die zerstörungsfreien Prüfungen, muss zum Arbeitsbeginn bei Druckgeräten und Baugruppen abhängig von der Kategorie zugelassen sein. Bei dem Personal für die Ausführung der dauerhaften Verbindungen und der zerstörungsfreien Prüfungen kann die Anforderung für die Qualifikationen oder Zulassungen beschränkt sein. Das heißt, es ist in der Entwurfsprüfunterlage anzugeben, welche Qualifizierung für die zum Einsatz kommenden Schweißer für Stahlwerkstoffe gefordert wird: nach EN 287-1 oder nach EN ISO 9606-1.

Liegen zum Zeitpunkt der Einreichung der Entwurfsprüfunterlagen diese Personalqualifizierungen für Schweißer, Bediener und für Prüfer noch nicht vor und werden hiernach erst durchgeführt, sollte von der notifizierten Stelle auf die Notwendigkeit der Überprüfung der Personalzulassung vor Herstellungsbeginn in der Entwurfsprüfbescheinigung hingewiesen werden.

Die Arbeitsverfahren für dauerhafte Verbindungen, gemeint sind damit die Schweiß-, Löt- und Bördelverfahren, müssen bereits im Entwurfsstadium zugelassen sein, da sonst eine Überprüfung der Fähigkeit dieses Verbindungsverfahrens in Zusammenhang mit den Konstruktionsmerkmalen nicht möglich wäre. Es soll ja bestätigt werden, dass sich das Druckgerät mit eben diesem Verfahren sicher herstellen lässt. Dazu müssen die Ergebnisse aus der Qualifizierung des gewählten Schweißverfahrens vorliegen *(Leitlinie D-05)*.

Die Definition von „dauerhaften Verbindungen“ umfasst auch andere dauerhafte Werkstoffverbindungen, wie z.B. Hartlöten, Schrumpfen, Kleben, Schmieden, Bördeln, Nieten; eben solche, die nur durch zerstörende Verfahren getrennt werden können. Aus diesem Grund gelten die Anforderungen aus Anhang I Ziffer 3.1.2 (Zulassung von Arbeitsverfahren und Personal für Druckgeräte der Kategorien II, III und IV) und 3.1.3 (Billigung von Personal für die zerstörungsfreie Prüfung von dauerhaften Verbindungen der Kategorien II und IV) auch für diese Verbindungsarten *(Leitlinie F-05)*.

Jeder Schweißvorgang an einem drucktragenden Bauteil erfordert eine Qualifikation der Schweißverfahren und der Schweißer/des Bedieners, wenn die Schweißverbindung ein druckbedingtes Risiko auf das drucktragende Bauteil ausüben kann *(Leitlinie F-14)*.

Beispiele für Schweißvorgänge, die eine Qualifikation gemäß Anhang I Abschnitt 3.1.2 erfordern:

1) Schweißen einer Hebeöse an einer drucktragenden Kammer;

2) Schweißen einer Halterung an einem Ventilkörper;

3) Schweißen von Verstärkung für Stutzen;
4) Reparatur durch Schweißen an einem Druckraum, bevor das Gerät in den Verkehr gebracht wird;
5) große Schweißung an einem Gussstück während der Herstellung.

Beispiele für Schweißvorgänge, die eine Qualifikation gemäß Anhang I Abschnitt 3.1.2 erfordern, außer wenn gemäß Risikoanalyse und -bewertung kein druckbedingtes Risiko besteht:

6) Kleine Schweißung an einem Gussstück während der Herstellung;
7) Schweißplattieren einer Rohrplatte;
8) Auftragschweißung an einem Druckraum (Rostschutz, verschleißbeständiger Beschichtungsstoff ...).

21.1 Schweißer, Bediener

Die Herstellung von Schweißverbindungen geschieht durch Schweißer/Bediener mit gültiger Schweißerprüfungsbescheinigung nach (DIN) EN 287-1 bzw. (DIN) EN ISO 9606-1 für Stahl bzw. für Nichteisenwerkstoffe nach einem der zutreffenden Teile von EN ISO 9606:

(DIN) EN ISO 9606-2 für Aluminium und Aluminiumlegierungen

(DIN) EN ISO 9606-3 für Kupfer und Kupferlegierungen

(DIN) EN ISO 9606-4 für Nickel und Nickellegierungen

(DIN) EN ISO 9606-5 für Titan und Titanlegierungen

oder einer Bedienerprüfungsbescheinigung nach (DIN) EN ISO 14732.

Für Schweißverbindungen in den Kategorien II, III oder IV müssen diese Prüfungsbescheinigungen nach den Forderungen der Druckgeräterichtlinie durch eine zuständige unabhängige Prüfstelle zugelassen sein. Hierbei handelt es sich nach Wahl des Herstellers um eine notifizierte Stelle oder eine anerkannte unabhängige Stelle. Diese Prüfstelle darf nicht mit den Prüfstellen aus dem nationalen deutschen Vorwort der DIN EN 287-1 verwechselt werden.

In einer Schweißerprüfungsbescheinigung nach DIN EN 287-1 oder (DIN) EN ISO 9606-1 muss unter Prüfgrundlage „Druckgeräterichtlinie und DIN EN 287-1 oder (DIN) EN ISO 9606-1" aufgeführt werden. Auf der Prüfungsbescheinigung muss als Prüfstelle der vollständige Name der notifizierten Stelle oder der Name der anerkannten unabhängigen Stelle deutlich erkennbar sein. Wenn dieser Name vollständig ersichtlich ist, braucht im Stempel nicht die Kennnummer zusätzlich aufzutauchen.

Diese Anforderung gilt auch für Personal von Lieferanten (Fertiger, Errichter) oder von Firmen für Arbeitnehmerüberlassung. Meist geschieht dies durch einen zusätzlichen Stempelaufdruck auf der Schweißerprüfungsbescheinigung mit Unterschrift durch eine notifizierte Stelle bzw. eine anerkannte unabhängige Prüfstelle. Im Rahmen dieser Zulassung von Personal wird dann auch von einem Zertifikat gesprochen. Der Grund liegt darin, dass die Schweißerprüfungsbescheinigungen eine begrenzte Gültigkeitsdauer mit einem definierten Ablaufdatum haben:

> **EN 287-1, Abschnitt 9.2 Bestätigung der Gültigkeit**
>
> „Die ausgestellte Schweißer-Prüfungsbescheinigung bleibt zwei Jahre gültig, vorausgesetzt, dass die Schweißaufsichtsperson oder das verantwortliche Personal des Arbeitgebers bestätigen kann, dass der Schweißer innerhalb des ursprünglichen Geltungsbereiches gearbeitet hat. Dies muss alle sechs Monate bestätigt werden."
>
> **EN ISO 9606-1, Abschnitt 9 Gültigkeit**
>
> „Die Gültigkeit der Schweißer-Prüfungsbescheinigung beginnt mit dem Datum des Schweißens des (der) Prüfstücks (Prüfstücke), vorausgesetzt, dass die Prüfungen, die nach dieser Norm gefordert werden, ausgeführt worden sind und die erzielten Ergebnisse die Anforderungen erfüllen. Die Bescheinigung muss alle 6 Monate bestätigt werden, andernfalls wird (werden) die Bescheinigung(en) ungültig."

Zu beachten ist hier, dass derzeit in EN 13480-4 die EN 287-1 als undatierte Verweisung aufgeführt wird.

Die Arbeitsgemeinschaft Druckbehälter, die das AD 2000-Regelwerk pflegt, hat auf die neue Schweißerprüfungsnorm DIN EN ISO 9606-1 bereits reagiert und das AD 2000-Merkblatt HP 3 entsprechend angepasst, wodurch die Anwendung von DIN EN ISO 9606-1 und auch der Bedienerprüfung DIN EN ISO 14732 unter gewissen Bedingungen bezüglich der Verlängerung (Abschnitt 9.3) erlaubt wird. Das Merkblatt AD 2000 HP 3 Ausgabe 2014-11 schließt dabei jedoch die Verlängerung nach Option 9.3 c) im Geltungsbereich seines Regelwerkes aus. Das AD 2000-Regelwerk ist ein in sich geschlossenes nationales Verbänderegelwerk und setzt auf einen höheren Sicherheitsstandard. Im Merkblatt von AD 2000-HP 3 heißt es: „Für Druckbehälter oder Druckbehälterteile der Kategorien II, III und IV ist eine Verlängerung nach Abschnitt 9.3 c) nach DIN EN ISO 9606-1 bzw. 5.3 c) nach DIN EN ISO 14732 nicht zulässig."

In den Produktnormen wird derzeit noch folgende Ausgabe der EN 287-1 zitiert:

DIN EN 12952-5:2012	EN 287-1:2011 und undatiert
DIN EN 12953-4:2002	EN 287-1 undatiert
DIN EN 13445-4:2014	EN 287-1:2011
DIN EN 13480-4:2014	EN 287-1 undatiert

Für eine Verlängerung der Prüfungsbescheinigung nach EN 287-1 Abschnitt 9.3 „Verlängerung der Qualifikation" steht dort: *„Schweißer-Prüfungsbescheinigungen nach dieser Norm können nach jeweils zwei Jahren durch einen Prüfer/eine Prüfstelle verlängert werden. ..."* Bescheinigungen von Schweißern und Bedienern, welche im Geltungsbereich der Druckgeräterichtlinie Kategorien II, III und IV arbeiten, dürfen nur von Prüfern/Prüfstellen verlängert werden, die eine „notifizierte Stelle bzw. eine anerkannte unabhängige Prüfstelle" im Sinne der Druckgeräterichtlinie sind, nicht nach dem nationalen Vorwort der DIN EN 287-1.

Nach Veröffentlichung der EN ISO 9606-1 im OJEC dürfen selbstverständlich Schweißer mit gültiger Prüfung nach DIN EN 287-1 dort auch arbeiten. Solange die Prüfungsbescheinigung nach DIN EN 287-1 gültig ist, muss keine neue Prüfung abgelegt werden.

Derzeit ist aber weder EN 287-1 noch EN ISO 9606-1 in der Neuausgabe des OJEU 2016/C 293/01 vom 12. August 2016 zur neuen RL 2014/68/EU enthalten. Da formal die EN 287-1 durch EN ISO 9606-1 abgelöst ersetzt wurde, kann eine „alte" Norm im OJEU nicht mehr gelistet werden. Für die neue EN ISO 9606-1 fehlt aber noch die Zustimmung des CEN-Consultant. Die EN ISO 9606-1 ist dann Kandidat für das nächste OJEU Anfang des Jahres 2017.

Für die Bedienerprüfung, also für das Personal von vollmechanischen und automatischen Schweißanlagen, gilt Folgendes: Hier wurde die DIN EN 1418 ebenfalls im Dezember 2013 durch DIN EN ISO 14732:2013 ersetzt. Da diese Norm nicht im OJEU gelistet ist, gilt die Anforderung aus der jeweiligen Produktnorm, ob EN 1418 datiert oder undatiert.

21.2 Arbeitsverfahren

Die Druckgeräterichtlinie spricht von Arbeitsverfahren für dauerhafte Verbindungen. Gemeint sind damit Schweiß- oder Lötverfahren, aber auch Schrumpfen, Kleben, Schmieden, Bördeln oder Nieten (*Leitlinie F-05*). Diese Arbeitsverfahren für die Herstellung von Schweißverbindungen werden durch Verfahrensprüfungen nach z. B. (DIN) EN ISO 15614-1 bzw. mit Zusatzforderungen aus AD 2000-Merkblatt HP 2/1 belegt. Die Verfahrensprüfungen müssen für Schweißverbindungen an Druckgeräten, die in die Kategorien II, III oder IV fallen, durch eine notifizierte Stelle oder eine anerkannte unabhängige Prüfstelle zugelassen sein.

Im Deckblatt des Verfahrensprüfungsberichtes nach (DIN) EN ISO 15614-1 muss unter Prüfgrundlage „Druckgeräterichtlinie und (DIN) EN ISO 15614-1" aufgeführt werden. Sollte diese Verfahrensprüfung auch für Schweißverbindungen an Druckgeräten nach dem AD 2000-Regelwerk genutzt werden, müssen die Zusatzbedingungen aus dem AD 2000-Merkblatt HP 2/1 berücksichtigt werden und in der Prüfgrundlage zusätzlich als „AD 2000-Merkblatt HP 2/1" aufgeführt werden.

Auf dem Berichtsblatt muss als Prüfstelle der vollständige Name der notifizierten Stelle oder der anerkannten unabhängigen Stelle deutlich erkennbar sein. Wenn dieser Name vollständig ersichtlich ist, braucht im Stempel nicht die Kennnummer zusätzlich aufzutauchen.

Dies gilt natürlich auch für Arbeitsverfahren von Lieferanten! Es hat sich als zweckmäßig herausgestellt, die in den Fertigungsbetrieben vorliegende Übersicht der Schweißverfahrensprüfungen durch die benannte bzw. notifizierte Stelle bzw. eine anerkannte unabhängige Prüfstelle abstempeln und unterschreiben zu lassen.

Eine notifizierte Stelle darf ein Arbeitsverfahren für eine dauerhafte Werkstoffverbindung, das durch eine andere notifizierte Stelle oder eine anerkannte unabhängige Prüfstelle zugelassen wurde, nicht ablehnen, wenn diese Zulassung auf der Grundlage einer genauen Verweisung und kompetenten Anwendung der Druckgeräterichtlinie erteilt wurde. Dennoch ist sie dafür verantwortlich, falls erforderlich zu überprüfen, ob das Verfahren für eine dauerhafte Werkstoffverbindung und die Verweisung auf das Erzeugnis angemessen sind (*Leitlinie F-04*).

In den Produktnormen werden derzeit im Wesentlichen folgende Normen für Verfahrensprüfungen zitiert:

DIN EN 12952-6:2011	EN ISO 15614-1:2004/EN ISO 15613:2004
DIN EN 12953-5:2012	EN ISO 15614-1:2004/EN ISO 15613:2004
DIN EN 13445-3, -4:2014	EN ISO 15614-1:2004/EN ISO 15613:2004
DIN EN 13480-4:2014	EN ISO 15614-1:2004 + A1:2008
AD 2000 HP 2/1:2012	DIN EN ISO 15614-1:2008

Im Amtsblatt der EU (OJEC) 2016/C 293/01 vom 12. August 2016 wird bezüglich der Druckgeräterichtlinie die Norm EN ISO 15614-1:2004 mit Änderung A1 aus 2008 als harmonisierte Norm für die Erfüllung der Verfahrensprüfung aufgeführt.

In der letzten Ausgabe von DIN EN 13480-4:2014 werden je nach Einstufung der Rohrleitung in eine Kategorie – dort dann in Übereinstimmung mit den Begriffen der Druckgeräterichtlinie als Rohrleitungskategorie bezeichnet – im Abschnitt 9.3.1, Tabelle 9.3.1-1 (Schweißverfahrensprüfung) diesen Kategorien verschiedene Normen zum Nachweis der Qualifizierung des Schweißverfahrens zugeordnet:

Tabelle 13: Auszug aus DIN EN 13480-4:2014; Tabelle 9.3.1-1

Rohrleitungs-kategorie	Anforderung
III, II	Die Anerkennung der Schweißverfahren muss nach EN ISO 15614-1:2004 (+A1:2008), EN ISO 15613:2004 durch eine kompetente dritte Stelle erfolgen.
I	Die Schweißverfahren im Druckraum sind nach EN ISO 15614-1:2004 (+A1:2008), EN ISO 15613:2004 zu prüfen, außer es ist in den Konstruktionsunterlagen festgelegt, dass EN ISO 15611:2003 bzw. EN ISO 15612:2004 zulässig sind.
0	Die Schweißverfahren für den Druckraum sind nach EN ISO 15614-1:2004 (+A1:2008), EN ISO 15611:2003, EN ISO 15612:2004 oder EN ISO 15613:2004 zu prüfen. Schweißverfahren für nicht drucktragende Teile sind nach EN ISO 15610:2003 zu prüfen.

Schweißverfahrensprüfungen nach der Vorgängernorm (DIN) EN 288-3 sind deshalb aber nicht ungültig. Die DIN EN ISO 15614-1 ist die aus EN 288-3 entstandene Fassung zur Regelung von Qualifizierungen von Schweißverfahren. In der Einleitung zur DIN EN ISO 15614-1 steht deutlich:

> „Alle neu qualifizierten Schweißverfahren müssen mit dieser Norm ab dem Tag ihrer Veröffentlichung übereinstimmen.
>
> Diese Europäische Norm setzt jedoch bereits bestehende Schweißverfahrensprüfungen, die nach früheren nationalen Normen oder Regeln oder früheren Ausgaben dieser Norm durchgeführt wurden, **nicht** außer Kraft.
>
> Wenn zusätzliche Prüfungen verlangt werden, um die Qualifizierungen technisch anzupassen, sind nur diese zusätzlichen Prüfungen an einem Prüfstück durchzuführen, das mit den Bestimmungen dieser Norm übereinstimmen sollte."

Wenn ein Hersteller ein Verfahren für dauerhafte Werkstoffverbindungen hat, das von einer Benannten Stelle oder einer anerkannten Prüfstelle zugelassen ist, dann darf dieser Hersteller für ähnliche Anwendungen dasselbe Verfahren auch auf anderen Baustellen verwenden. Voraussetzung ist, dass die anderen Baustellen (Fertigungsstätten) demselben technischen Management und Qualitätsmanagement unterstehen.

Hierzu merkt die alte Leitlinie 6/10 an: Die Norm EN 719 (heute EN ISO 14731) „Schweißaufsicht – Aufgabe und Verantwortung" und die Norm EN 729-1 (heute ISO 3834-1) „Qualitätsanforderungen für das Schmelzschweißen von metallischen Werkstoffen – Teil 1: Kriterien für die Auswahl der geeigneten Stufe der Qualitätsanforderungen" definieren die Herstellerorganisation als Schweißwerkstätten oder -baustellen, die demselben technischen Management oder Qualitätsmanagement unterstehen. Die Norm EN 288-3 (EN ISO 15614-1) über Schweißverfahrensprüfungen besagt, dass die Anerkennung einer Schweißanweisung (WPS), die ein Hersteller erlangt hat, für das Schweißen in Werkstätten und auf Baustellen gilt, die der gleichen technischen und qualitativen Überwachung dieses Herstellers unterstehen.

22 Zerstörungsfreie Prüfung

Die Prüfung von Schweißverbindungen geschieht durch Personal mit Bescheinigungen nach (DIN) EN ISO 9712, vormals (DIN) EN 473. Für Schweißverbindungen in den Kategorien III und IV müssen diese Prüfungsbescheinigungen durch eine benannte bzw. notifizierte Stelle bzw. anerkannte unabhängige Prüfstelle gebilligt sein. Dies gilt auch für Personal von Lieferanten oder Firmen mit Arbeitnehmerüberlassung! „Gebilligt sein" bedeutet, eine anerkannte unabhängige Prüfstelle oder die notifizierte Stelle bestätigt, dass die vorgelegte Qualifizierung der Druckgeräterichtlinie entspricht. Auf den Kompetenzzertifikaten nach (DIN) EN ISO 9712 findet sich heute dann auch direkt der Hinweis „einschließlich der Prüfung von dauerhaften Verbindungen nach Druckgeräterichtlinie".

Die erforderliche Zulassung von Personal nach EN ISO 9712 gilt nur für die klassischen ZfP-Verfahren wie Durchstrahlungsprüfung (RT), Ultraschallprüfung (UT), Eindringprüfung (PT) und Magnetpulverprüfung (MT). Der Abschnitt 3.1.3 in Anhang I der Druckgeräterichtlinie (Zulassung von Personal für die ZfP) ist nicht anwendbar auf Personal, das „Sichtprüfungen" durchführt. Das heißt, Personal, welches Schweißnähte mittels Sichtprüfung (äußerer Befund) beurteilt, benötigt keine Zulassung bzw. Billigung durch eine anerkannte unabhängige Prüfstelle oder die notifizierte Stelle (*Leitlinie F-07*).

Frühere ausgestellte Kompetenzzertifikate für die ZfP nach (DIN) EN 473 behalten natürlich auch nach Erscheinen der Nachfolgenorm (DIN) EN ISO 9712 ihre Gültigkeit bis zum Ablaufdatum und erfüllen auch weiterhin die Anforderung der Druckgeräterichtlinie. Schließlich wurde EN 473 auch schon früher im Amtsblatt der der EU als eine der harmonisierten Normen gelistet.

In den Produktnormen werden derzeit folgende Normen für die Personalqualifizierung für die zerstörungsfreien Prüfungen zitiert:

DIN EN 12952-6:2011	EN 473:2008
DIN EN 12953-5:2002	EN 473 undatiert
DIN EN 13445-5:2015	EN ISO 9712:2012
DIN EN 13480-5:2014	EN ISO 9712:2012
AD 2000 HP 4:2016	EN ISO 9712:2012

Im Amtsblatt der EU (OJEC) 2016/C 293/01 vom 12. August 2016 wird bezüglich der Druckgeräterichtlinie die Norm EN ISO 9712:2012 als harmonisierte Norm für die Erfüllung der Personalqualifizierung aufgeführt.

Bei Druckgeräten der Kategorien III und IV kann auch Personal für zerstörungsfreie Prüfungen, das Qualifikationsnachweise besitzt, die nicht die Kriterien der harmonisierten Normen (z. B. EN ISO 9712 „Allgemeine Grundsätze für die Qualifikation und Zulassung von ZfP-Personal“) erfüllt, von anerkannten unabhängigen Prüfstellen zugelassen werden, soweit diese Prüfstellen von einem Mitgliedstaat nach Artikel 13 Abs. 1 notifiziert wurden (*Leitlinie F-13*).

ZfP-Personal, das nach anderen als den harmonisierten Normen zugelassen wurde, kann von einer anerkannten unabhängigen Prüfstelle unter der Voraussetzung zugelassen werden, wenn diese überzeugt ist, dass die Zulassungskriterien, die denen der harmonisierten Normen gleichwertig sind, erfüllt werden, und dass der Geltungsbereich der Zulassung für die Prüfung dauerhafter Verbindungen in Druckgeräten einschlägig ist.

Eine anerkannte unabhängige Prüfstelle kann im Rahmen der Bestimmungen des „Leitfadens für die Umsetzung der nach dem neuen Konzept verfassten Richtlinien“ [2] Teile ihrer Arbeit im Unterauftrag vergeben, bleibt aber voll verantwortlich und erteilt die Zulassung. Die Zulassung des Personals erfolgt durch eine anerkannte unabhängige Prüfstelle auf individueller Basis.

ANMERKUNG

Die Zulassung einer Person nur aufgrund eines Zertifikats, das von einer anderen Stelle ausgestellt wurde, die keine vertragliche Bindung mit der anerkannten unabhängigen Prüfstelle hat, erfüllt die Anforderung der Druckgeräterichtlinie nicht.

Die Prüfumfänge, Prüfverfahren, Prüfklassen und Bewertungskriterien ergeben sich aus den Anwendungsregelwerken, nach denen die Rohrleitung zu bauen und zu prüfen ist. Für Rohrleitungen kommen in Betracht:

Tabelle 14: Regelwerke zum Prüfen von Rohrleitungen

Regelwerk	Titel
DIN EN 13480-5:2014-12	Metallische industrielle Rohrleitungen – Teil 5: Prüfung; Deutsche Fassung EN 13480-5:2014-12
DIN EN 13480-5 Berichtigung 1:2015-12	Metallische industrielle Rohrleitungen – Teil 5: Prüfung; Deutsche Fassung EN 13480-5:2015-12
AD 2000 HP 100 R:2007-11	Bauvorschriften – Rohrleitungen aus metallischen Werkstoffen
AD 2000 HP 512 R:2003-01	Bauvorschriften – Entwurfsprüfung, Schlussprüfung und Druckprüfung von Rohrleitungen

Hierbei ist zu beachten, dass sich bei Anwendung obiger Regelwerke erhebliche Unterschiede im Prüfumfang ergeben. Weiterhin erfolgt die Bewertung der Schweißnähte in beiden Regelwerken zwar im Wesentlichen nach (DIN) EN ISO 5817, jedoch legt jedes Regelwerk zum Teil voneinander abweichende Bewertungsgruppen für die verschiedenen Unregelmäßigkeiten fest.

23 Entwurfsprüfung

Nach Anhang I ist jedes Druckgerät für alle in Betracht kommenden Zustände in seiner geplanten Lebensdauer fachgerecht zu konstruieren. Hierzu zählen Faktoren wie

- Innen- und Außendruck,
- Betriebs- und Umgebungstemperaturen,
- statischer Druck und resultierende Füllgewichte im Betriebs- und im Prüfzustand,
- weitere äußere Belastungen durch Verkehrslasten (Bühnen), Wind, Erdbeben,
- Reaktionskräfte und -momente im Zusammenhang mit angeschlossenen Rohrleitungen, Behältern, Tragelementen, Halteösen,
- Korrosion von innen und außen, Erosion durch Suspensionen,
- Materialermüdungen,
- Zersetzung von instabilen Fluiden in der Rohrleitung.

Die Auslegung und Bemessung wird durch geeignete Berechnungsverfahren nach Formeln, in der Regel nach harmonisierten Normen mit Wahl geeigneter Werkstoffe (gegebenenfalls unter Zuhilfenahme von Korrosionsdatenblättern), berücksichtigt. Alternativ kann die Auslegung des Druckgerätes auch nach Analyseverfahren oder nach bruchmechanischen Verfahren erfolgen.

Für Rohrleitungen muss bezüglich Auslegung und Bau Folgendes sichergestellt sein:

- der Gefahr einer Überbeanspruchung durch unzulässige Bewegung oder übermäßige Kräfte, z. B. an Flanschen, Verbindungen, Kompensatoren oder Schlauchleitungen, ist durch Unterstützung, Befestigung, Verankerung, Ausrichtung oder Vorspannung in geeigneter Weise vorzubeugen;
- falls sich im Innern von Rohrleitungen für gasförmige Fluide Kondensflüssigkeit bilden kann, sind Einrichtungen zur Entwässerung bzw. zur Entfernung von Ablagerungen aus tief liegenden Bereichen vorzusehen, um Schäden aufgrund von Wasserschlag (Thermoschock) oder Korrosion zu vermeiden;
- die Möglichkeit von Schäden durch Turbulenzen oder Wirbelbildung ist gebührend zu berücksichtigen. Da hier Erosions- oder Abrieberscheinungen auftreten können, sind Wanddickenzuschläge, der Austausch der am stärksten betroffenen Teile und der richtige Einbau der betroffenen Teile zu berücksichtigen;
- die Gefahr von Ermüdungserscheinungen durch Vibrationen in Rohren ist gebührend zu berücksichtigen;

- wenn Rohrleitungen Fluide der Gruppe 1 enthalten, so ist in geeigneter Weise dafür zu sorgen, dass die Rohrabzweigungen, die wegen ihrer Abmessungen erhebliche Risiken mit sich bringen, abgesperrt werden können;
- zur Minimierung des Risikos einer unbeabsichtigten Entnahme sind die Entnahmestellen an der permanenten Seite der Verbindungen unter Angabe des enthaltenen Fluids deutlich zu kennzeichnen;
- zur Erleichterung von Wartungs-, Inspektions- und Reparaturarbeiten sind Lage und Verlauf von erdverlegten Rohr- und Fernleitungen zumindest in der technischen Dokumentation anzugeben.

Für Rohrleitungen nach EN 13480 wird für den Zweck und den Empfang einer Entwurfsprüfung Folgendes gefordert:

Vor Beginn der Fertigung bzw. Verlegung muss eine Bestätigung des Rohrleitungsentwurfs einschließlich der Bewertung der Halterungen erfolgen. Die Bestätigung muss unabhängig von dem Hersteller, der den Entwurf erstellt hat, sowie auch unabhängig von der Fertigung/Verlegung durchgeführt werden. Das heißt, der Hersteller prüft immer zuerst. Abhängig von der Kategorie kann dann eine Entwurfsprüfung durch die notifizierte Stelle erforderlich werden. Dies betrifft die Module A1, B1 und G (nach RL 97/23/EG) bzw. A2, B (Entwurfsprüfung) und G (nach RL 2014/68/EU).

Die Entwurfsbestätigung umfasst die Druckwände bis zur ersten Verbindung mit anderen drucktragenden Bauteilen. Sie umfasst ferner die Wechselwirkung mit Bauteilen, die direkt mit der Rohrleitung verbunden sind, beinhaltet aber keine Bestätigung der Bauteile selbst.

Die Entwurfsbestätigung muss durchgeführt werden, um nachzuweisen, dass die Rohrleitung die Anforderungen der Europäischen Norm EN 13480, bezogen auf die Werkstoffe, Einzelheiten der Auslegung und Maße, erfüllt und dass die Anforderungen an die Verfahren und das Personal während der Fertigung erfüllt werden können.

Wenn die Auslegung von Teilen nach den Anforderungen dieses Teils der EN 13480 bereits bestätigt wurde und wenn eine entsprechende Bescheinigung oder ein Beurteilungsprotokoll vorhanden ist, dann ist eine weitere Bestätigung des Entwurfs nicht erforderlich.

23.1 Bestandteile der Entwurfsprüfunterlagen

Im Zuge der Aufbereitung der Entwurfsunterlagen ist vom Hersteller eine Aufstellung der für den Auftrag ganz oder teilweise angewendeten Normen zu erstellen. Diese Aufstellung dient der Erfüllung der Druckgeräterichtlinie zum Nachweis der Konformität der angewendeten Regelwerke für Konstruktion, Fertigung und Funktion.

Zu den zur Entwurfsprüfung bereitzustellenden Unterlagen gehören:
- Antrag des Herstellers auf Entwurfsprüfung an die notifizierte Stelle [bei Modulen B (Entwurfsprüfung) und G];
- bei den Modulen A und A2 führt der Hersteller diese Entwurfsprüfung durch;
- schriftliche Erklärung, dass keine andere notifizierte Stelle beauftragt wurde [bei Modulen B (Entwurfsprüfung) und G];
- Beschreibung des Druckgerätes;
- angewendete Normen und Regelwerke, z. B. AD 2000, DIN EN 13480 (unter Angabe der Ausgabe);
- Fertigungszeichnungen;
- Angaben zu Werkstoffen;
- Schweißverfahren (Schweißanweisungen);
- Angaben zu den Qualifikationen und Zulassungen für Fügeverfahren (Verfahrensprüfungsnachweise);
- Angaben zu den ZfP-Verfahren und -umfängen;
- Ergebnisse der Berechnung zur festigkeitsmäßigen Auslegung;
- Gefahrenanalyse;
- Betriebsanleitung.

23.2 Wer prüft bei welchem Modul?

Bei den Modulen **A** und **A2** nach RL 2014/68/EU führt die Entwurfsprüfung der Hersteller selbst durch. Hiermit ist nicht das Verfahren „erstellt/geprüft“ gemeint, wie es bei der Abfassung von allen Dokumenten Anwendung findet. Hier sind das Überprüfen der richtigen Einstufung der Druckgeräte in die Kategorie, die korrekte Wahl des Moduls und das Vorhandensein der erforderlichen Entwurfsprüfunterlagen gemeint. Es empfiehlt sich, die Berechtigung des Personenkreises, der im Namen des Herstellers diese Entwurfsprüfung durchführen darf, in firmenspezifischen Verfahrensanweisungen schriftlich zu fixieren. Die Prüfung der Entwurfsprüfunterlagen sollte dokumentiert werfen, z. B. durch ein Deckblatt oder durch Abstempeln der eingereichten Unterlagen.

In den Modulen **B (EU-Baumusterprüfung – Entwurfsmuster)** und Modul **G** nach RL 2014/68/EU führt die Entwurfsprüfung die beauftragte notifizierte Stelle durch. Die notifizierte Stelle hat dabei insbesondere folgende Aufgaben:

- sie begutachtet die vorgesehenen zu verwendenden Werkstoffe, wenn diese nicht den geltenden harmonisierten Normen oder einer Europäischen Werkstoffzulassung für Druckgerätewerkstoffe entsprechen;
- sie erteilt die Zulassung für die Arbeitsverfahren zur Ausführung dauerhafter Verbindungen (Verfahrensprüfung) oder überprüft, ob diese bereits nach Anhang I Abschnitt 3.1.2 zugelassen worden sind;
- sie überprüft, ob das Personal für die Ausführung der dauerhaften Verbindungen (Schweißer, Bediener) und für die zerstörungsfreien Prüfungen (ZfP-Personal) nach Anhang I Abschnitte 3.1.2 und 3.1.3 qualifiziert oder zugelassen ist.

Entspricht der Entwurf den einschlägigen Bestimmungen der Druckgeräterichtlinie, stellt die benannte Stelle dem Antragsteller in Modul B (Entwurfsprüfung) eine EU-Entwurfsprüfbescheinigung aus. Im Modul G ist die notifizierte Stelle auch weiterhin für die Abnahme der Rohrleitung verantwortlich. Es ist keine EU-Entwurfsprüfbescheinigung erforderlich, es wird aber zur Dokumentation der Beendigung der Phase von der notifizierten Stelle ein Prüfbericht ausgestellt bzw. ein Entwurfsprüfvermerk auf den Zeichnungen angebracht. Die EU-Entwurfsprüfbescheinigung enthält den Namen und die Anschrift des Antragstellers, die Ergebnisse der Prüfung, die Bedingungen für ihre Gültigkeit (zeitliche Begrenzung) und die für die Identifizierung des zugelassenen Entwurfs erforderlichen Angaben.

Gerne wird heute diese Bescheinigung auch mit Zertifikat überschrieben. Das Ergebnis der erfolgreichen Entwurfsprüfung ist somit nur bis zu einem gewissen Datum gültig. Damit soll sichergestellt werden, dass immer nach dem Stand der Technik und der Normung, nicht jedoch nach veralteten Regelwerken und Erkenntnissen, z. B. über Werkstoffeigenschaften, konstruiert, gebaut und geprüft wird. Die Spannen der Gültigkeit reichen von 2 bis zu 5 Jahren. Diese Formulierung der Bedingung für die Gültigkeitsdauer ist im AD 2000-Merkblatt HP 512 R in Abschnitt 6.2 zu finden.

CEN/TR 13480-7:2002 (DIN EN 13480 Beiblatt 1) „Anleitung für den Gebrauch des Konformitätsbewertungsverfahrens“ schreibt zur Gültigkeit von Entwurfsprüfbescheinigungen:

> „Entwurfsprüfbescheinigungen gelten zeitlich unbefristet, vorausgesetzt, es gibt keine Änderungen in dieser Europäischen Norm (gemeint EN 13480). Sollte die Beschaffung nicht innerhalb von 2 Jahren nach Ausstellung der Entwurfsprüfbescheinigung beginnen, braucht die Entwurfsprüfung nur wiederholt zu werden, wenn es sicherheitsrelevante Änderungen in dieser Europäischen Norm gibt."

Der Hersteller hat weiterhin die Verpflichtung, die notifizierte Stelle, der die technischen Unterlagen zur EU-Entwurfsprüfbescheinigung vorliegen, über alle Änderungen an dem bereits zugelassenen Entwurf zu informieren, die einer neuen Entwurfsprüfung bedürfen. Dies ist der Fall, wenn Änderungen oder Ergänzungen an der Rohrleitung die Übereinstimmung mit den grundlegenden Anforderungen oder den vorgeschriebenen Bedingungen für die Benutzung des Druckgeräts beeinträchtigen können. Dann ist eine ergänzende Entwurfsprüfung für diese Änderungen/Ergänzungen zu beantragen. Die dann ausgestellte EU-Entwurfsprüfbescheinigung wird in Form einer Ergänzung der ursprünglichen EG- oder EU-Entwurfsprüfbescheinigung erteilt. Ergänzt wird die EU-Entwurfsprüfbescheinigung durch einen detaillierten Prüfbericht, in dem die Ergebnisse der Prüfung erläutert werden und auf gegebenenfalls zur Abnahme vorzulegende Unterlagen hingewiesen wird.

Der Hersteller ist verpflichtet, zusammen mit den eingereichten technischen Unterlagen eine Kopie der EU-Entwurfsprüfbescheinigungen und ihrer möglichen Ergänzungen zehn Jahre lang nach Herstellung des letzten Druckgeräts aufzubewahren.

24 Abnahme und Prüfungen

Prüfungen wie zerstörungsfreie Prüfungen und Festigkeitsprüfungen geschehen nach dem jeweils gewählten Regelwerk in uneingeschränktem Umfang, es sei denn, der Vertrag mit dem Kunden schreibt etwas anderes vor. Für jeden Auftrag empfiehlt es sich, einen spezifischen Prüfplan zu erstellen, in dem alle Tätigkeitsschritte wie Prüfumfänge, Prüfverfahren, Zulässigkeitsgrenzen, die Einbindung aller Beteiligten wie Hersteller, Lieferanten und notifizierte Stelle festgelegt und dokumentiert werden.

Zur Abnahme nach Druckgeräterichtlinie gehören: Schlussprüfung, Druckprüfung und Prüfung der sicherheitstechnischen Einrichtungen (z. B. Prüfung von Druckbegrenzungsventilen) bei Baugruppen.

Bei den Modulen A und A1 führt diese Abnahme der Hersteller selbst durch, in Modul A1 prüft die notifizierte Stelle stichprobenweise.

Bei den Modulen F und G prüft die beauftragte notifizierte Stelle die Produkte gegen die vorliegende EG-Entwurfsprüfbescheinigung und die im Prüfbericht niedergelegten Feststellungen. Insbesondere wird hier die Prüfung der Qualifizierung und Billigung nach Druckgeräterichtlinie des eingesetzten Personals für Schweißen und Prüfen (EN 287-1, EN ISO 9606-Reihe, EN 1418, EN ISO 14732, EN 473 und EN ISO 9712) vorgenommen, da zur Phase der Entwurfsprüfung diese Unterlagen noch nicht vorliegen können.

24.1 Schlussprüfung

Im Rahmen der Schlussprüfung wird Folgendes überprüft:

- die Identifikation der Leitung und die Kennzeichnung, z. B.
  - Hersteller,
  - Herstellnummer,
  - Herstelljahr,
  - CE-Kennzeichnung und Kennnummer der zuständigen Benannten Stelle (außer Modul A),
  - maximal zulässiger Druck PS [bar],
  - Nennweite DN,
  - zulässige minimale und maximale Temperatur TS [°C];
- die Abmessungen und die Verlegung der Rohrleitung stichprobenweise;
- anhand von Werkstoffnachweisen oder Stempelungen, dass ordnungsmäßige Werkstoffe eingesetzt wurden;

- die Rückverfolgbarkeit der Werkstoffe zu den Materialattesten;
- durch Sichtprüfung die Beschaffenheit der Rohrleitung, insbesondere der Schweißverbindungen;
- die Qualifikationen der Schweißer und Bediener;
- die Zulassungen für die Fügeverfahren (Verfahrensprüfungen);
- die Qualifikationen des ZfP-Personals;
- die Prüfberichte über die ordnungsgemäße Durchführung der zerstörungsfreien Prüfungen einschließlich der Bewertung der Prüfergebnisse;
- Bescheinigung über gegebenenfalls durchgeführte Wärmebehandlungen nach dem Umformen und/oder Schweißen.

24.2 Druckprüfung

Die Abnahme der Druckgeräte muss eine Druckfestigkeitsprüfung einschließen, die normalerweise in Form eines hydrostatischen Druckversuchs durchgeführt wird, wobei der Druck mindestens den folgenden Werten – falls anwendbar – entsprechen muss:

- dem 1,43-fachen Wert des höchstzulässigen Drucks (PS)

oder

- dem 1,25-fachen Wert des höchstzulässigen Drucks [Auslegungsdruck] (PS), multipliziert mit der zulässigen Spannung für Auslegungsbedingungen bei Prüftemperatur in N/mm^2, dividiert durch die zulässige Spannung für Auslegungsbedingungen bei Auslegungstemperatur, in N/mm^2.

Für die zulässigen Spannungen sind dann die jeweiligen Werkstoffkennwerte aus den Produktnormen, z. B. EN 10216-2, zu entnehmen.

Für serienmäßig hergestellte Geräte der Kategorie I kann die Prüfung auf statistischer Grundlage durchgeführt werden.

Ist der hydrostatische Druckversuch, z. B. mit Wasser, nachteilig oder nicht durchführbar, so können andere Prüfungen, die sich als wirksam erwiesen haben, durchgeführt werden. Für andere Prüfungen als den hydrostatischen Druckversuch müssen zuvor zusätzliche Maßnahmen wie zerstörungsfreie Prüfungen oder andere gleichwertige Verfahren angewandt werden.

Bei der Anwendung von DIN EN 13480 bedeutet dies, dass in der Regel alle Rundnähte vor einer Gasdruckprüfung zu 10 % einer Volumenprüfung zu unterziehen sind. Das AD 2000-Regelwerk schreibt ähnliche ergänzende Prüfungen im Merkblatt AD 2000 HP 512 R in Tafel 1 vor.

Diese Ersatzmaßnahmen sind aber bereits in der Entwurfsprüfunterlage zu beschreiben. Das FDBR Merkblatt 21 „Anforderungsgerechtes Prüfkonzept für den Nachweis der Druckfestigkeit von Rohrleitungen zur Erfüllung der Richtlinie 97/23/EG“ [15] beschreibt hierzu die Randbedingungen und nennt notwendige Ersatzmaßnahmen für den Fall, dass eine Wasserdruckprüfung nicht durchführbar ist.

Für die Durchführung der Gasdruckprüfung ist die deutsche Vorschrift BGI 619 zu beachten. Weitere Hinweise sind auch im Merkblatt der Berufsgenossenschaft Rohstoffe und chemische Industrie Merkblatt Sichere Technik T 039 „Druckprüfungen von Druckbehältern und Rohrleitungen – Flüssigkeitsdruckprüfungen, Gasdruckprüfungen“ enthalten [16].

In den harmonisierten Produktnormen bzw. in den Merkblättern der Arbeitsgemeinschaft Druckbehälter ist die Druckprüfung geregelt in

EN 13445-5	Unbefeuerte Druckbehälter – Teil 5: Inspektion und Prüfung, Abschn. 10.2.3
EN 12952-6	Wasserrohrkessel und Anlagenkomponenten – Teil 6: Prüfung während der Herstellung, Abschn. 10.2
EN 12953-5	Großwasserraumkessel – Teil 5: Prüfung, Abschn. 5.7.2.3
AD 2000-Merkblatt HP 30	Durchführung von Druckprüfungen
AD 2000-Merkblatt HP 512	Schlussprüfung und Druckprüfung
AD 2000-Merkblatt HP 512 R	Bauvorschriften; Entwurfsprüfung, Schlussprüfung und Druckprüfung von Rohrleitungen

25 Dokumentation

Die Dokumentation muss die im angewendeten Regelwerk geforderten Umfänge enthalten, wie z. B.

- Bestätigung der Durchführung einer Entwurfsprüfung (bei Modulen A und A1, auszustellen vom Hersteller);
- EU-Entwurfsprüfbescheinigung einschließlich eines Entwurfsprüfberichtes (bei Modul B Entwurfsmuster), auszustellen von der notifizierten Stelle);
- Gefahrenanalyse;
- Betriebsanleitung;
- Schweißerprüfungsbescheinigungen mit Bestätigung der DGRL-Konformität;
- Nachweis der Verfahrensprüfungen mit Bestätigung der DGRL-Konformität;
- Berechnungen mit Berechnungsisometrien;
- Qualifikationsnachweise des ZfP-Personals mit Bestätigung der DGRL-Konformität;
- Werkstoffnachweise;
- Schweißnahtdokumentationen;
- Wärmebehandlungsnachweise (Glühprotokolle);
- ZfP-Berichte;
- Maßprüfungen, Bauteilprüfungen;
- Abweichungsberichte;
- Abnahmeberichte;
- Druckprüfungsbescheinigung.

In DIN EN 13480-5 sind im Abschnitt 9.4 „Dokumentation" in Tabelle 9.4-1, bezogen auf die Kategorien, die in der Schlussdokumentation erforderlichen Unterlagen aufgelistet.

26 Konformitätserklärung

Der Hersteller stellt die Konformitätserklärung aus. Tritt das Rohrleitungsbauunternehmen als Lieferant, also als verlängerte Werksbank, als Fertiger oder Errichter unterhalb des Herstellers im Sinne der Druckgeräterichtlinie auf, kann und darf es keine solche Konformitätserklärung ausstellen. Die EU-Konformitätserklärung muss Folgendes enthalten (siehe RL 2014/68/EU Anhang IV):

- Name und Anschrift des Herstellers oder seines in der Gemeinschaft ansässigen Bevollmächtigten;
- Beschreibung des Druckgerätes oder der Baugruppe;
- angewandtes Konformitätsbewertungsverfahren;
- Name und Anschrift der Benannten Stelle, die die Kontrolle vorgenommen hat;
- Verweis auf die EU-Entwurfsprüfungsbescheinigung, soweit im Modul zutreffend;
- Verweis auf die EU-Konformitätsbescheinigung (bei Modul F und Modul G);
- Hinweis auf angewandte Normen oder andere Spezifikationen;
- soweit zutreffend Hinweis auf andere Europäische Richtlinien;
- rechtsverbindliche Unterschrift des Herstellers;
- Angaben zum Unterzeichner der Konformitätserklärung, der berechtigt ist, diese Erklärung für den Hersteller oder seinen in der Gemeinschaft ansässigen Bevollmächtigten zu unterschreiben.

In der RL 97/23/EG wurde von einer EG-Konformitätserklärung gesprochen. Im Rahmen der Angleichung der Begriffe in alle Richtlinien heißt diese Erklärung nach RL 2014/68/EU nun EU-Konformitätserklärung. Für den Hersteller von Druckgeräten gut zu wissen ist, dass eine einzige EU-Konformitätserklärung ausreicht, auch wenn das Druckgerät mehreren EU-Harmonisierungsvorschriften zugeordnet werden kann.

Eine rechtsverbindliche Unterschrift kann in einem Unternehmen nur der Geschäftsführer oder sein Vertreter mit Prokura leisten. Da beide sich in der Regel nicht mit dem Ausstellen dieser Erklärungen im Tagesgeschäft beschäftigen, müssen sie Vertreter in ihrem Unternehmen bestellen, die in ihrem Namen diese rechtsverbindliche Unterschrift leisten. Diese Berechtigung wird durch eine formelle Bestellung der zur Unterschrift vorgesehenen Person festgelegt.

27 CE-Kennzeichnung

Die CE-Kennzeichnung ist das äußere Zeichen dafür, dass ein Produkt den angewendeten Richtlinien entspricht. Sie darf nur dann angebracht werden, wenn für das Produkt eine Richtlinie gilt, die die CE-Kennzeichnung vorsieht. Mit der CE-Kennzeichnung eines Produktes erklärt der Verantwortliche (Hersteller, Importeur), dass

- das Produkt allen anzuwendenden Gemeinschaftsvorschriften entspricht und
- alle vorgeschriebenen Konformitätsbewertungsverfahren (z.B. Gefahrenanalyse, Risikobewertung, Überprüfung der Normenkonformität) durchgeführt wurden.

Durch Anbringen des CE-Zeichens auf dem Produkt – in Ausnahmefällen auf der Verpackung – wird die Konformität auch nach außen hin sichtbar gemacht. Das CE-Kennzeichen ist quasi der technische Reisepass für das Produkt innerhalb der EU. Die CE-Kennzeichnung besteht aus den Buchstaben „CE" mit einer Mindesthöhe von 5 mm.

Die CE-Kennzeichnung ist kein Normen-Konformitätszeichen, sondern ein EG-Richtlinien-Konformitätszeichen mit Funktion als Aufsichtszeichen, das z.B. den Marktüberwachungsbehörden (z.B. der AAMU in Deutschland) in den EU-Ländern die Kontrolle über die zulässige Vermarktung (Inverkehrbringen) der Erzeugnisse erleichtern soll.

Rohrleitungen, deren Konformität von einer Betreiberprüfstelle bewertet wurde, dürfen nicht die CE-Kennzeichnung tragen. Diese Druckgeräte und Baugruppen dürfen ausschließlich in den Betrieben der Unternehmensgruppe verwendet werden, denen die Betreiberprüfstelle angehört. Daher erhalten diese Druckgeräte und Baugruppen kein CE-Kennzeichen. Das CE-Zeichen ist ein Zeichen für den freien Warenverkehr, der hier nicht gegeben ist.

Die CE-Kennzeichnung ist ausschließlich im Geltungsbereich der Europäischen Richtlinien und damit der Druckgeräterichtlinie anzuwenden. Das CE-Kennzeichen kann nur vom Hersteller angebracht werden. Wenn das Rohrleitungsbauunternehmen als Lieferant (verlängerte Werkbank) auftritt, darf es keine CE-Kennzeichnung anbringen.

Das CE-Kennzeichen muss sichtbar, deutlich lesbar und dauerhaft aufgebracht werden. Es ist aufzubringen auf

- Druckgeräten im Sinne des Artikels 3 Abs. 1 (Behälter; befeuerte oder anderweitig beheizte überhitzungsgefährdete Druckgeräte zur Erzeugung von Dampf oder Heißwasser mit einer Temperatur von mehr als 110 °C und einem Volumen von mehr als 2 Liter sowie alle Schnellkochtöpfe, Rohrleitungen, Ausrüstungsteile mit Sicherheitsfunktion und druckhaltende Ausrüstungsteile),

– Baugruppen im Sinne des Artikels 3 Abs. 2.

Dort, wo ein direktes Aufbringen der Kennzeichnung an der Oberfläche nicht möglich oder nicht sinnvoll ist, kann diese auch auf einem Etikett („Kesselschild“, „Fabrikschild“) vorgenommen werden, welches mit dem Druckgerät oder der Baugruppe fest verbunden ist.

Bei Verkleinerung oder Vergrößerung der CE-Kennzeichnung müssen die sich aus dem oben abgebildeten Raster ergebenden Proportionen eingehalten werden.

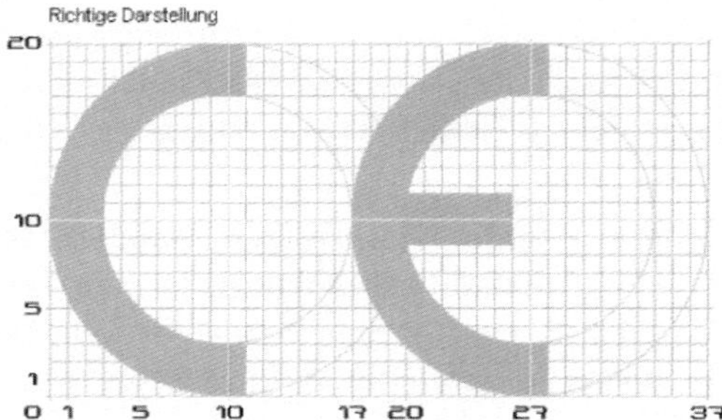

Bild 11: Korrekte Darstellung des CE-Zeichens

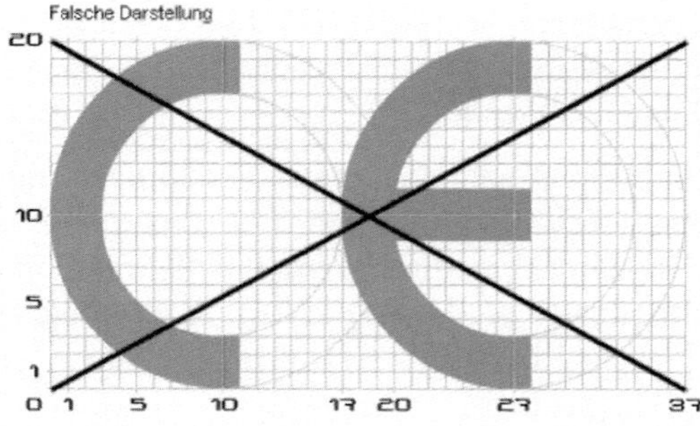

Bild 12: Falsche Darstellung des CE-Zeichens

Die verschiedenen Bestandteile der CE-Kennzeichnung müssen etwa gleich hoch sein. Die verbindliche Kennzeichnung einer Rohrleitung mit dem CE-Zeichen umfasst

- CE-Zeichen selbst;
- Angabe des Herstellers oder seines Bevollmächtigten;
- Herstelljahr;
- Kennnummer der zuständigen notifizierten Stelle (außer Modul A).

Die auf dem Druckgerät anzubringende Nummer ist die Kennnummer der in der Phase der Produktionsüberwachung beteiligten Stelle. Dies ist zu beachten bei Anwendung von Modulkombination B (Entwurfsmuster) + F.

Die nachstehenden Informationen über eine Rohrleitung können entweder auf der Rohrleitung selbst angebracht sein oder aber sie müssen in der beigefügten Dokumentation gegeben werden:

- maximal zulässiger Druck PS in bar;
- zulässige minimale und maximale Temperatur TS in °C;
- Nennweite DN;
- Angabe der Kategorie;
- Fluidgruppe;
- Prüfdruck und Prüfmedium;
- Datum der Druckprobe.

Da eine Kennzeichnung zum Teil aus Platzgründen oder aus Gründen der Betriebsbeanspruchung (unzulässige Kerbwirkung), z. B. an zeitstandbeanspruchten Rohrleitungen im Kraftwerk aufgrund der Kerbwirkung von Stahlstempeln zur Hartkennzeichnung, nicht möglich oder sinnvoll ist, kann diese alternativ auch erfolgen

- durch eine eindeutige Darstellung, z. B. in einem R&I-Fließbild oder
- in einer Rohrleitungsliste,

sodass die Rohrleitung in der Anlage zweifelsfrei identifiziert werden kann. Dieser Verzicht auf Hartstempelung sollte aber in der Entwurfsprüfunterlage bereits begründet werden.

Ein Beispiel der vollständigen Kennzeichnung ist im Bild 13 wiedergegeben.

Die verbindliche Kennzeichnung einer Rohrleitung erfolgt entweder auf dem Rohr oder z. B. auf dem Bund eines angeschweißten Flansches.

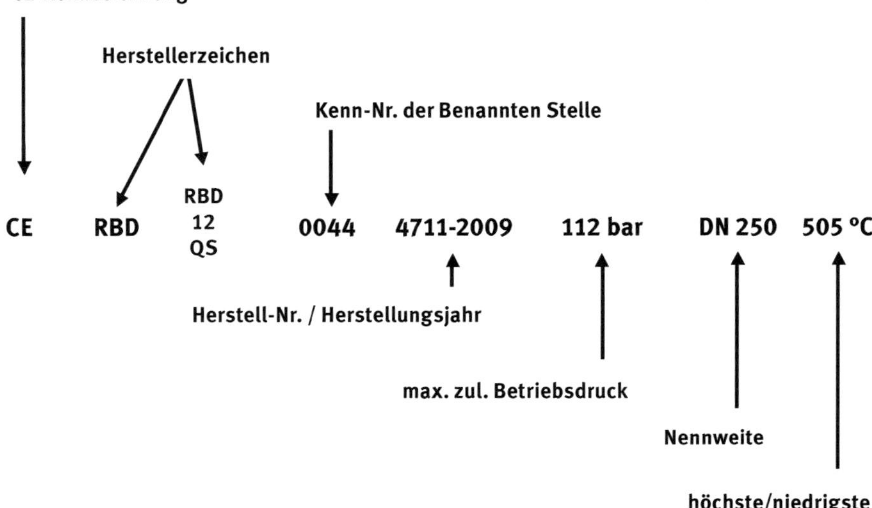

Bild 13: Beispiel einer vollständigen Kennzeichnung

Im Zuge der gehäuften Meldungen über nicht gesetzeskonforme „Made in China"-Spielzeuge, aber auch im Kampf gegen die Produktpiraterie wurden missbräuchliche Verwendungen der CE-Kennzeichnung festgestellt. Das offizielle CE-Zeichen im Rahmen der Druckgeräterichtlinie und anderen europäischen Richtlinien wird von chinesischen Produzenten in gleicher Form für Exportprodukte verwendet. Die Abkürzung steht für „Chinese Export".

Es dürfte in Zukunft auf einer Vielzahl von Produkten von Konsumgütern zu finden sein, weniger aber auf Investitionsgütern. Zu dieser Problematik hat die Stellvertreterin des EU-Ausschusses für internationalen Handel im November 2007 der EU-Kommission eine parlamentarische Anfrage eingereicht. Die missbräuchliche Verwendung der CE-Kennzeichnung wurde schon zuvor besonders in Italien stark thematisiert, da der Hafen von Neapel als das Eingangstor für gefälschte Markenprodukte aus China gilt.

Zu erkennen sind diese Logos an einem zu langen Mittelstrich vom E und daran, dass der Abstand zwischen den Buchstaben entweder zu lang oder zu kurz ist.

Bild 14: Abbildungen gefälschter chinesischer CE-Zeichen

Zur Verdeutlichung der nur unwesentlich direkt erkennbaren Unterschiede sind im Bild 15 das originale CE-Zeichen der Europäischen Gemeinschaft und das chinesische Zeichen für „Chinese Export" gegenübergestellt.

Bild 15: Original und Fälschung

Neben den oben gezeigten Beispielen für chinesische Kreationen sind im Folgenden weitere Varianten wiedergegeben, die sich vorzugsweise bei elektrotechnischen Teilen finden lassen. Allen ist gemeinsam, dass sie eine fälschlich aufgebrachte CE-Kennzeichnung darstellen.

Bild 16: Wildwuchs bei CE-Zeichen

28 Zusammenfassung

Die Umsetzung der Druckgeräterichtlinie in einen Leitfaden für alle Mitarbeiter in einem Rohrleitungsbauunternehmen, das sowohl im Kraftwerksbereich als auch im industriellen Rohrleitungsbau, z. B. auf Dauerbaustellen der Chemie, tätig ist, hat sich als sehr nützliches Instrument bei der täglichen Arbeit bewährt. Projektleitung, Serviceabteilungen, Bauleitung und andere Abteilungen erhalten damit eine strukturierte Übersicht der verschiedenen Stationen, die ergänzend zu der ohnehin geübten Praxis der Auftragsabarbeitung bei Projekten nach Druckgeräterichtlinie beachtet werden müssen.

Alle im Verlauf einer Auftragsabwicklung ermittelten Kenngrößen, wie Angaben zum Medium, Eingruppierung in eine Fluidgruppe nach Druckgeräterichtlinie, Einstufung der Rohrleitung in eine Kategorie, Wahl eines Moduls bzw. einer Modulkombination, Wahl des Regelwerkes, Auswahl von Werkstoffen, Abdeckung der Schweißverfahren durch Schweißverfahrensprüfungen, Bestimmung der zur Ausführung kommenden Schweißanweisung sowie Umfang und Art der zerstörungsfreien Prüfung, werden systematisch erfasst.

Als ergänzende technische Festlegung zu der Veröffentlichungsform einer Norm hat das DIN (Deutsches Institut für Normung e. V.) die Form einer Spezifikation (SPEC) eingeführt. Eine dieser Formen, eine Spezifikation zu erarbeiten, ist die nach dem PAS-Verfahren.

Eine DIN SPEC nach dem PAS-Verfahren ist eine öffentlich verfügbare Spezifikation (PAS, Publicly Available Specification), die Produkte, Systeme oder Dienstleistungen beschreibt, indem sie Merkmale definiert und Anforderungen festlegt. DIN SPEC (PAS) werden durch temporär zusammengestellte Gremien unter Beratung des DIN erarbeitet. Konsens der Beteiligten und die Einbeziehung aller interessierten Kreise ist nicht zwingend erforderlich.

Basierend auf der Tabelle im Anhang A der PAS 1010-3 [17] empfiehlt es sich, alle ermittelten Daten für alle in einem Projekt behandelten Rohrleitungen in einer Rohrleitungsliste (Tabelle 15) zu erfassen und von Abteilung zu Abteilung die erforderlichen Angaben zu komplettieren. So gibt der Rohrleitungsplaner die Bezeichnung der Leitung mit Nennweite, Temperatur, Druck und Medium vor. Diese wird ergänzt durch die Einstufung des Mediums in die Fluidgruppe und die Bestimmung des Aggregatzustandes, die Bestimmung der Kategorie und die Festlegung des Moduls oder der Modulkombination. Hier könnte jetzt auch noch der Name bzw. die Kennnummer der einzubindenden notifizierten Stelle erfolgen. Auf Basis der für die Betriebsbedingungen vorgesehenen Werkstoffe erfolgt die Bestimmung der Werkstoffgruppen und über die Abteilung Schweiß- und Prüftechnik die Festlegung, mit welchen Verfahren die Nähte geschweißt werden sollen, welche Verfahrensprüfung zum Nachweis der Qualifizierung hierfür zur Anwendung kommt, nach welcher Schweißanweisung die Nähte zu schweißen sind und in welchem Umfang, mit welchem Prüfverfahren und welcher Prüfklasse diese Nähte dann zu prüfen sind. Diese Tabelle kann beliebig den Erfordernissen des Rohrleitungsbauers angepasst werden.

Tabelle 15: Rohrleitungsliste

www.mussmann.org		Rohrleitungsliste													in Anlehnung an PAS 1010-3 Seite 1 von 2		
Lfd. Nr.	Bezeichnung Ident-Nr. KKS-Bez. System-Nr.	Abmessung	Nennweite DN	Temperatur min/max TS [°C]	max. zul. Druck PS [bar]	Medium	Fluidgruppe	Aggregatzustand		Kategorie	Modul/Modulkombination	Gewähltes Regelwerk	Werkstoffe		Werkstoff nach		
								Gas	Flüssigkeit				Name	Gruppe	Harmonisierte Norm	Europ. Werkstoffzulassung (EAM)	Einzelzulassung (PMA)
1	4711	∅ 88,9ä × 8,8	80	165	15	Butanol	1	x		II	A2	EN 13480	P235GH	1.1	X (EN 10216-2)		
2																	
3																	
4	LBA10BR 001	∅ 175li × 27	250	505	112	Dampf	2	x		III	B (Entwurfsmuster) +F	EN 13480	P 91 (1.4903)	6.4	X (EN 10216-2)		
5																	
...																	

www.mussmann.org	Rohrleitungsliste (Fortsetzung)								in Anlehnung an PAS 1010-3 Seite 2 von 2
Lfd. Nr.	Bezeichnung Ident-Nr. KKS-Bez. System-Nr.	Zeugnis nach EN 10204 Attestart	Eingebundene notifizierte Stelle(n)	Schweißverfahren	WPQR-Nr.	WPS-Nr.	Umfang ZfP Rundnähte	Prüfdruck [bar]	Gefahrenanalyse, Risikobewertung/ Betriebsanleitung	Bemerkungen
1	4711	3.1 + WO + ISO 9001	0044	WIG	1.1R-141	1.1 R 141a	100% VT 5% RT	27,5	erstellt	
2										
3										
4	LBA10BR 001	3.2	B1: 0044 F: 0035	WIG/ E	6.4R-141-111	6.4 R 141/111 b	100% VT 100% UT-B 100% MT	223	in Arbeit	
5										
...										

Weitergehende Literatur zum Thema Druckgeräte bietet das Loseblattwerk *„Leitfaden Druckgerätesicherheit in Europa – Grundlagen und deren nationale Umsetzung – Handbuch für Hersteller, Händler, Betreiber und Benutzer von Druckgeräten“* [18]. Alle in diesem Zusammenhang für Hersteller, Betreiber und Prüfstellen wichtigen Richtlinien sowie die einschlägigen Europäischen Normen in ihren Originaltexten finden sich im „Leitfaden Druckgerätesicherheit in Europa“.

Das Loseblattwerk verdeutlicht u.a. die Rechtsgrundlagen der Europäischen Gemeinschaft sowie die dahinter stehende Sicherheitsphilosophie. Abgerundet wird der Leitfaden durch 4 CD-ROMs mit speziellen Normensammlungen zu den Bereichen

- Dampfkesselanlagen,
- Druckbehälter,
- Rohrleitungen und
- Ausrüstungsteile.

Medium: 3 Ordner, Umfang: 2250 Seiten, Format: A4. Die Aktualität des Dokumentenbestands ist garantiert: Jährlich erscheinen 1 bis 2 Ergänzungen/Updates des Loseblattwerks und der CD-ROMs.

29 Vergleich der Richtlinie 1997/23/EG mit Richtlinie 2014/68/EU

Die Tabelle 16 stellt die Zuordnung der Artikel und Absätze zwischen alter und neuer Richtlinie gegenüber. In dieser Tabelle aus dem Anhang IV der RL 2014/68/EU wurde ergänzend die Überschrift der Artikel aufgenommen.

Tabelle 16: Vergleichstabelle

Richtlinie 97/23/EG		Richtlinie 2014/68/EU	
Artikel 1 Absatz 1	Geltungsbereich und Begriffsbestimmung	Artikel 1 Absatz 1	Geltungsbereich
Artikel 1 Absatz 2	Geltungsbereich und Begriffsbestimmung	Artikel 2 Absätze 1 bis 14	Begriffsbestimmung
Artikel 1 Absatz 3	Geltungsbereich und Begriffsbestimmung	Artikel 1 Absatz 2	Geltungsbereich
–		Artikel 2 Absätze 15 bis 32	Begriffsbestimmung
Artikel 2	Marktüberwachung	Artikel 3	Bereitstellung auf dem Markt und Inbetriebnahme
Artikel 3	Technische Anforderungen	Artikel 4	Technische Anforderungen
Artikel 4 Absatz 1	Freier Warenverkehr	Artikel 5 Absatz 1	Freier Warenverkehr
Artikel 4 Absatz 2	Freier Warenverkehr	Artikel 5 Absatz 3	Freier Warenverkehr
–		Artikel 6	Pflichten der Hersteller
–		Artikel 7	Bevollmächtigte
–		Artikel 8	Pflichten der Einführer
–		Artikel 9	Pflichten der Händler
–		Artikel 10	Umstände, unter denen die Pflichten des Herstellers auch für Einführer und Händler gelten

Richtlinie 97/23/EG		Richtlinie 2014/68/EU	
–		Artikel 11	Identifizierung der Wirtschaftsakteure
Artikel 5	Konformitätsvermutung	–	
Artikel 6	Ausschuss für Normen und technische Vorschriften	–	
Artikel 7 Absatz 1	Ausschuss Druckgeräte	Artikel 45	Übertragung von Befugnissen
Artikel 7 Absatz 2	Ausschuss Druckgeräte	Artikel 44 Absatz 1	Ausschussverfahren
Artikel 7 Absatz 3	Ausschuss Druckgeräte	–	
Artikel 7 Absatz 4	Ausschuss Druckgeräte	Artikel 44 Absatz 5 Unterabsatz 2	Ausschussverfahren
Artikel 8	Schutzklausel	–	
Artikel 9 Absatz 1	Einstufung von Druckgeräten	Artikel 13 Absatz 1 Einleitungssatz	Einstufung von Druckgeräten
Artikel 9 Absatz 2 Unterabsatz 1	Einstufung von Druckgeräten	–	
–		Artikel 13 Absatz 1 Buchstabe a	Einstufung von Druckgeräten
Artikel 9 Absatz 2 Unterabsatz 2	Einstufung von Druckgeräten	Artikel 13 Absatz 1 Buchstabe b	Einstufung von Druckgeräten
Artikel 9 Absatz 3	Einstufung von Druckgeräten	Artikel 13 Absatz 2	Einstufung von Druckgeräten
Artikel 9 Absatz 3	Einstufung von Druckgeräten	Artikel 13 Absatz 3	Einstufung von Druckgeräten
Artikel 10	Konformitätsbewertung	Artikel 14	Konformitätsbewertungsverfahren
Artikel 11 Absatz 1	Konformitätsbewertung	Artikel 15 Absatz 1	Europäische Werkstoffzulassung

Richtlinie 97/23/EG		Richtlinie 2014/68/EU	
Artikel 11 Absatz 2	Konformitäts-bewertung	Artikel 15 Absatz 2	Europäische Werk-stoffzulassung
Artikel 11 Absatz 3	Konformitäts-bewertung	Artikel 15 Absatz 3	Europäische Werk-stoffzulassung
Artikel 11 Absatz 4	Konformitäts-bewertung	Artikel 12 Absatz 2	Konformitätsver-mutung
–		Artikel 15 Absatz 4	Europäische Werk-stoffzulassung
Artikel 11 Absatz 5	Konformitäts-bewertung	Artikel 15 Absatz 5	Europäische Werk-stoffzulassung
–		Artikel 15 Absatz 6	Europäische Werk-stoffzulassung
Artikel 12	Benannte Stellen	–	
Artikel 13	Anerkannte unab-hängige Prüfstellen	–	
Artikel 14 Absatz 1	Betreiberprüfstellen	Artikel 16 Absatz 1	Betreiberprüfstellen
Artikel 14 Absatz 2	Betreiberprüfstellen	Artikel 5 Absatz 2	Freier Warenverkehr
Artikel 14 Absätze 3 bis 8	Betreiberprüfstellen	Artikel 16 Absätze 2 bis 7	Betreiberprüfstellen
Artikel 14 Absätze 9 und 10	Betreiberprüfstellen	–	
–		Artikel 17	EU-Konformitäts-erklärung
–		Artikel 18	Allgemeine Grund-sätze der CE-Kenn-zeichnung
Artikel 15 Absatz 1	CE-Kennzeichnung	–	
Artikel 15 Absatz 2	CE-Kennzeichnung	Artikel 19 Absatz 1	Vorschriften und Bedingungen für die Anbringung der CE-Kennzeichnung

Richtlinie 97/23/EG		Richtlinie 2014/68/EU	
Artikel 15 Absatz 3	CE-Kennzeichnung	Artikel 19 Absatz 2	Vorschriften und Bedingungen für die Anbringung der CE-Kennzeichnung
Artikel 15 Absätze 4 und 5	CE-Kennzeichnung	–	
–		Artikel 19 Absätze 3 bis 6	Vorschriften und Bedingungen für die Anbringung der CE-Kennzeichnung
–		Artikel 20	Notifizierung
–		Artikel 21	Notifizierende Behörden
–		Artikel 22	Anforderungen an notifizierende Behörden
–		Artikel 23	Informationspflicht der notifizierenden Behörden
–		Artikel 24	Anforderungen an notifizierende Stellen und anerkannte unabhängige Prüfstellen
–		Artikel 25	Anforderungen an Betreiberprüfstellen
–		Artikel 26	Vermutung der Konformität von Konformitätsbewertungsstellen
–		Artikel 27	Zweigunternehmen von Konformitätsbewertungsstellen und Vergabe von Unteraufträgen

Richtlinie 97/23/EG		Richtlinie 2014/68/EU	
–		Artikel 28	Anträge auf Notifizierung
–		Artikel 29	Notifizierungsverfahren
–		Artikel 30	Kennnummern und Verzeichnis notifizierter Stellen
–		Artikel 31	Verzeichnis von anerkannten unabhängigen Prüfstellen und Betreiberprüfstellen
–		Artikel 32	Änderung der Notifizierung
–		Artikel 33	Anfechtung der Kompetenz von notifizierten Stellen, anerkannten unabhängigen Prüfstellen und Betreiberprüfstellen
–		Artikel 34	Pflichten der notifizierten Stellen, Betreiberprüfstellen und anerkannten unabhängigen Prüfstellen in Bezug auf ihre Arbeit
–		Artikel 35	Einspruch gegen Entscheidungen von notifizierten Stellen, anerkannten unabhängigen Prüfstellen und Betreiberprüfstellen

Richtlinie 97/23/EG		Richtlinie 2014/68/EU	
–		Artikel 36	Meldepflicht der notifizierten Stellen, anerkannten unabhängigen Prüfstellen und Betreiberprüfstellen
–		Artikel 37	Erfahrungsaustausch
–		Artikel 38	Koordinierung der notifizierten Stellen, anerkannten unabhängigen Prüfstellen und Betreiberprüfstellen
Artikel 16	Zu Unrecht vorgenommene CE-Kennzeichnung	–	
Artikel 17	*Zusammenarbeit mit den Behörden*	–	
Artikel 18	Zu Ablehnungen oder Einschränkungen führende Entscheidungen	–	
–		Artikel 39	Überwachung des Unionsmarktes und Kontrolle der auf dem Unionsmarkt eingeführten Druckgeräte oder Bauteile
–		Artikel 40	Verfahren zur Behandlung von Druckgeräten oder Baugruppen, mit denen ein Risiko verbunden ist, auf nationaler Ebene
–		Artikel 41	Schutzklauselverfahren der Union

Richtlinie 97/23/EG		Richtlinie 2014/68/EU	
–		Artikel 42	Konforme Druckgeräte oder Baugruppen, die ein Risiko darstellen
–		Artikel 43	Formale Nichtkonformität
–		Artikel 44 Absätze 2 bis 4	Ausschussverfahren
–		Artikel 45 Absatz 1 Unterabsatz 1	Übertragung von Befugnissen
–		Artikel 46	Ausübung der Befugnisübertragung
–		Artikel 47	Sanktionen
Artikel 19	Außerkraftsetzung	–	
Artikel 20 Absätze 1 bis 2	Umsetzung, Übergangsbestimmungen	–	
Artikel 20 Absatz 3	Umsetzung, Übergangsbestimmungen	Artikel 48 Absatz 1	Übergangsbestimmungen
–		Artikel 48 Absätze 2 und 3	Übergangsbestimmungen
–		Artikel 49	Umsetzung
–		Artikel 50	Aufhebung
–		Artikel 51	Inkrafttreten und Geltung
Artikel 21	Adressaten der Richtlinie	Artikel 52	Adressaten
Anhang I	Grundlegende Sicherheitsanforderungen	Anhang I	Wesentliche Sicherheitsanforderungen
Anhang II	Konformitätsbewertungsdiagramme	Anhang II	Konformitätsbewertungsdiagramme

Richtlinie 97/23/EG		Richtlinie 2014/68/EU	
Anhang III Einleitungssatz	Konformitätsbewertungsverfahren	Anhang III Einleitungssatz	Konformitätsbewertungsverfahren
Anhang III Modul A	Konformitätsbewertungsverfahren	Anhang III Nummer 1 Modul A	Konformitätsbewertungsverfahren
Anhang III Modul A1	Konformitätsbewertungsverfahren	Anhang III Nummer 2 Modul A2	Konformitätsbewertungsverfahren
Anhang III Modul B	Konformitätsbewertungsverfahren	Anhang III Nummer 3.1 Modul B, EU-Baumusterprüfung (*Baumuster*)	Konformitätsbewertungsverfahren
Anhang III Modul B1	Konformitätsbewertungsverfahren	Anhang III Nummer 3.2 Modul B, EU-Baumusterprüfung (Entwurfsmuster)	Konformitätsbewertungsverfahren
Anhang III Modul C1	Konformitätsbewertungsverfahren	Anhang III Nummer 4 Modul C2	Konformitätsbewertungsverfahren
Anhang III Modul D	Konformitätsbewertungsverfahren	Anhang III Nummer 5 Modul D	Konformitätsbewertungsverfahren
Anhang III Modul D1	Konformitätsbewertungsverfahren	Anhang III Nummer 6 Modul D1	Konformitätsbewertungsverfahren
Anhang III Modul E	Konformitätsbewertungsverfahren	Anhang III Nummer 7 Modul E	Konformitätsbewertungsverfahren
Anhang III Modul E1	Konformitätsbewertungsverfahren	Anhang III Nummer 8 Modul E1	Konformitätsbewertungsverfahren
Anhang III Modul F	Konformitätsbewertungsverfahren	Anhang III Nummer 9 Modul F	Konformitätsbewertungsverfahren
Anhang III Modul G	Konformitätsbewertungsverfahren	Anhang III Nummer 10 Modul G	Konformitätsbewertungsverfahren
Anhang III Modul H	Konformitätsbewertungsverfahren	Anhang III Nummer 11 Modul H	Konformitätsbewertungsverfahren
Anhang III Modul H1	Konformitätsbewertungsverfahren	Anhang III Nummer 12 Modul H1	Konformitätsbewertungsverfahren

Richtlinie 97/23/EG		**Richtlinie 2014/68/EU**	
Anhang IV	Mindestkriterien für Benannte Stellen und unabhängige Prüfstellen	–	
Anhang V	Kriterien für die Zulassung von Betreiberprüfstellen gemäß Art. 14	–	
Anhang VI	CE-Kennzeichnung	–	
Anhang VII	Konformitätserklärung	Anhang IV	EU-Konformitätserklärung
–		Anhang V	Teil A: – aufgehobene Richtlinie mit Änderungsakten Teil B: Frist für die Umsetzung in innerstaatliches Recht und die Anwendung
–		Anhang VI	Entsprechungstabelle

30 Internetseiten

Weitere nützliche Informationen zum Thema Druckgeräterichtlinie wie der Text der Druckgeräterichtlinie, Leitlinien, Bestimmung des Dampfdruckes usw. sind auf folgenden Internetseiten zu finden:

Tabelle 17: Verzeichnis nützlicher Internetadressen

Internetadresse	Betreiber/Beschreibung
www.fdbr.de	FDBR e. V. Fachverband Anlagenbau
http://ec.europa.eu/enterprise/pressure_equipment/ped/index_en.html	Seite der Europäischen Kommission
http://eur-lex.europa.eu/de/index.htm	Online-Ausgabe des EU-Amtsblatts
http://ec.europa.eu/enterprise/newapproach/nando	Verzeichnis der notifizierten Stellen in Europa
www.newapproach.org	Richtlinien nach dem neuen Ansatz
www.beuth.de	Recherche nach Normen
www.cenorm.be	Europäisches Normungsinstitut
www.din.de	Gremien des DIN e. V.
www.nard.din.de	Normenausschuss Rohrleitungen und Dampfkessel (NARD)
www.naa.din.de	Normenausschuss Armaturen (NAA)
www.fnca.din.de	Normenausschuss Chemischer Apparatebau (FNCA)
www.dampfdruck.de	Dampfdrucktabellen
www.netinform.de	Aktuelle Information zum Thema Druckgeräte
www.mussmann.org	Ing.-Büro für Schweißtechnik und Qualitätsmanagement
www.produktrueckrufe.de	Rückruf-Portal für Deutschland, Verbraucherinformationen zu Rückrufaktionen, Produktwarnungen, Sicherheitshinweise und mehr

Internetadresse	Betreiber
www.rapex.eu	RAPEX is established as the EU rapid alert system that facilitates the rapid exchange of information between Member States and the Commission on measures taken to prevent or restrict the marketing or use of products posing a serious risk to the health and safety of consumers with the exception of food, pharmaceutical and medical devices, which are covered by other mechanisms.

31 Software

Dampfdruck	Softwarefactory Norbert Schmitz Am Mönchhof 7a 67105 Schifferstadt Tel: 06235/95 20 14 E-Mail: NSchmitz@software-factory.de Internet: http://www.software-factory.de
PED Professional	TÜV Süd GmbH Westendstraße 199 D-80686 München Tel: +49/89/5791-0 Fax: +49/89/5791-1551 E-Mail: info@tuev-sued.de

32 Literatur

[1] Richtlinie über Druckgeräte (RL 97/23/EG); Richtlinie zur Harmonisierung der Rechtsvorschriften der Mitgliedstaaten über die Bereitstellung von Druckgeräten auf dem Markt (RL 2014/68/EU), Beuth Verlag GmbH, Berlin

[2] Leitfaden für die Umsetzung der nach dem neuen Konzept und dem Gesamtkonzept verfassten Richtlinien, Europäische Kommission, http://europa.eu.int/comm/enterprise/newapproach/newapproach.htm

[3] Gesetz über die Neuordnung des Geräte- und Produktsicherheitsrechts vom 8. November 2011, Bundesgesetzblatt Jahrgang 2011 Teil I Nr. 57, ausgegeben zu Bonn am 11. November 2011

[4] VdTÜV-Merkblatt 201 „Fragen und Leitlinien zur Druckgeräte-Richtlinie", Ausgabe 03/2013, VdTÜV MB DRGG 201, Beuth Verlag GmbH, Berlin

[5] CD-ROM Software PED Professional Version 6.5.0 (2016), TÜV Süd GmbH, München; Vollversion 297,50 €

[6] DIN EN 13480-1:2014-12 „Metallische industrielle Rohrleitungen – Teil 1: Allgemeines; Deutsche Fassung EN 13480-1:2012"

[7] DIN EN 764-1:2015-06 „Druckgeräte – Teil 1: Vokabular; Deutsche Fassung EN 764-3:2015"

[8] FDBR Merkblatt 1 „Verantwortlichkeiten gemäß Druckgeräterichtlinie für den Rohrleitungsbau", Ausgabe 2016-08, FDBR e. V. Fachverband Anlagenbau, Düsseldorf

[9] Richtlinie 67/548/EWG des Rates vom 27. Juni 1967 zur Angleichung der Rechts- und Verwaltungsvorschriften für die Einstufung, Verpackung und Kennzeichnung gefährlicher Stoffe

[10] AD 2000-Merkblatt Z2 „Leitfaden für die systematische Durchführung einer Gefahrenanalyse", Ausgabe 2004-02

[11] DIN CEN/TS 764-6:2013-01: Druckgeräte – Teil 6: Aufbau und Inhalt einer Betriebsanleitung; Deutsche Fassung CEN/TS 764-6:2013-01

[12] AD 2000-Merkblatt HP 100 R „Bauvorschriften Rohrleitungen aus metallischen Werkstoffen", Ausgabe 2007-11

[13] AD 2000-Merkblatt HP 512 R „Bauvorschriften; Entwurfsprüfung, Schlussprüfung und Druckprüfung von Rohrleitungen", Ausgabe 2003-01

[14] AD 2000-Regelwerk, Beuth Verlag GmbH, Berlin, Taschenbuchvariante € 320,– im A4-Ordner oder auf CD-ROM € 980,–

[15] FDBR Merkblatt 21 „Anforderungsgerechtes Prüfkonzept für den Nachweis der Druckfestigkeit von Rohrleitungen zur Erfüllung der Richtlinie 97/23/EG“, Ausgabe 2012-02, FDBR e. V. Fachverband Anlagenbau, Düsseldorf

[16] Merkblatt Sichere Technik T 039 Druckprüfungen von Druckbehältern und Rohrleitungen – Flüssigkeitsdruckprüfungen, Gasdruckprüfungen, Ausgabe April 2012, Berufsgenossenschaft Rohstoffe und chemische Industrie

[17] PAS 1010-3 „Leitfaden für die Bestellung und Herstellung von Druckgeräten nach der EG-Druckgeräte-Richtlinie 97/23/EG – Teil 3: Industrielle Rohrleitungen“, Ausgabe 2009-01

[18] Leitfaden „Druckgerätesicherheit in Europa“, Loseblattsammlung, 2 050 Seiten, 4 CD-ROMs mit Normen für Dampfkesselanlagen, Druckbehälter, Rohrleitungen und Ausrüstungsteile, Beuth Verlag GmbH, Berlin, € 675,–

Weitere Informationen erhalten Sie beim:

Ingenieurbüro für Schweißtechnik
und Qualitätsmanagement GbR
Dipl.-Ing. Jochen W. Mußmann
Necklenbroicher Str. 45 a
40667 Meerbusch

Tel.: 02132/3339
E-Mail: info@mussmann.org
http: www.mussmann.org

oder

FDBR e. V.
Fachverband Anlagenbau
Dipl.-Ing. Jochen W. Mußmann
Sternstr. 36
40479 Düsseldorf

Tel.: 0211/4 98 70-30
Fax: 0211/4 98 70-36
E-Mail: j.mussmann@fdbr.de
http: www.fdbr.de